塔式起重机安全隐患图集

北京市建设机械与材料质量监督检验站有限公司 编写
北京建筑大学

中国建筑工业出版社

图书在版编目（CIP）数据

塔式起重机安全隐患图集 / 北京市建设机械与材料质量监督检验站有限公司，北京建筑大学编写. — 北京：中国建筑工业出版社，2019.12

ISBN 978-7-112-19675-3

Ⅰ. ①塔… Ⅱ. ①北… ②北… Ⅲ. ①塔式起重机 — 安全隐患 — 图集 Ⅳ. ① TH213.308-64

中国版本图书馆CIP数据核字（2019）第273414号

责任编辑：杨 杰
责任校对：焦 乐

塔式起重机安全隐患图集

北京市建设机械与材料质量监督检验站有限公司
北京建筑大学 编写

*

中国建筑工业出版社出版、发行（北京海淀三里河路9号）
各地新华书店、建筑书店经销
北京点击世代文化传媒有限公司制版
临西县阅读时光印刷有限公司印刷

*

开本：787毫米×1092毫米 1/16 印张：13¾ 字数：307千字
2020年12月第一版 2020年12月第一次印刷
定价：118.00元

ISBN 978-7-112-19675-3
（35068）

编委会

序言

“安全生产”是生产过程中的永恒课题，特别是作为特种设备的起重机械的安全运行至关重要，因为起重机的事故往往带来人员的伤亡。多年来塔式起重机的安全事故频繁出现，使塔式起重机成为事故高发的机种，因而引起行业界特别关注，是行业重点关注多方设法要解决的问题。塔式起重机的结构属相对高耸的柔性结构，同时在使用过程中频繁地拆、装，且运行在环境复杂的建筑工程施工现场，诱发事故的发生因素多变复杂。若使用者对塔式起重机的结构性能和工作特性有较高认识和理解，并具有很好的操作经验是避免伤亡事故的一个重要方面。

本图集的作者具有多年对塔式起重机现场运行全过程做检测工作的宝贵经历，积累和总结了众多实例和经验，用明确易懂的图解方式对可能引起安全事故的隐患之处一一指出，它既可为塔机运行操作人员提供使用设备全过程应注意的各个细节，也可为设计塔机工程技术人员提供某些需改进的可贵参考资料。为行业消除或减少多发事故的目标作了有实用价值的贡献。

作为工程起重机这一特种设备行业，既需要设计理论支持，而在当前的不重视实践环境下，也需要总结现场使用的经验数据。作者在实用过程中能细致的观察，并予以总结，其行为和精神都是难能可贵的，可圈可点。

本图集可作为塔机操作和管理人员安全培训的教材和使用手册，也可作为有关设计和生产技术人员的参考资料。图集的编印出版，势必将有益于实现“安全生产”这一重要目标。

哈尔滨工业大学机电学院教授

顾迪民

2019.11.24

前言

随着我国经济建设的高速增长，城市建设规模不断扩大，特别是高层建筑不断增多，塔式起重机的应用越来越广泛，已经成为建筑行业的重要施工设备。与此同时，塔式起重机造成的事故也一直居高不下，特别是在安拆过程中，事故占有相当高的比例。

为了满足建设行业从事塔式起重机使用管理、操作维护人员工作的实际需要，紧紧围绕国家标准 GB/T 5031–2019《塔式起重机》、GB 5144–2006《塔式起重机安全规程》、GB/T 5972–2016《起重机 钢丝绳 保养、维护、检验和报废》、GB 6067.1–2010《起重机安全规程 第1部分：总则》等相关规定，结合现场检验情况，采用图文并茂的方式，阐述塔式起重机在安全生产过程中的操作规程，同时对塔式起重机基础、金属结构、各机构与主要零部件、安全装置、电气系统等在实际使用过程中所存在的问题进行归纳总结，编写了本图集。

本图集由我站在塔式起重机检验过程中从拍摄的上万张存在隐患照片中精心筛选。

本图集所有照片均为我站检测员在施工现场拍摄。

在本图集出版之际，特向摄影、审阅，指导本书编撰的相关单位和同行致以诚挚的谢意。由于时间仓促，编者水平有限，本书难免有不妥之处，恳请广大读者提出宝贵意见，以便进一步完善。

目录

第1章

作业环境

1.1 相关标准条款

1）《塔式起重机》GB/T 5031-2019

10.2.3.1 通则

塔机的安装选址应充分考虑周边障碍物对塔机操作和塔机运行对周边的影响，如附近建筑物、其他塔机、公共场所（包括学校、商场等）、公共交通区域（包括公路、铁路、航运等）。在塔机及其载荷不能避开这类障碍时，应向有关政府部门咨询。

塔机基础应避开任何地下设施，无法避开时，应对地下设施采取保护措施，预防灾害事故发生。

10.2.3.2 高架电气线路和电缆

塔机离开高架电缆线的安全距离应符合 GB 5144 的要求。对不能确认不带电的电缆线应按带电考虑，对不能确认为低压的电缆线应按高压考虑。在无法满足要求时，应采取切实的保护措施并经相关部门许可。

2）《塔式起重机安全规程》GB 5144-2006

4.4.1 在操作、维修处应设置平台、走道、踢脚板和栏杆。

4.4.2 离地面 2m 以上的平台和走道应用金属材料制作，并具有防滑性能。

4.4.5 离地面 2m 以上的平台及走道应设置防止操作人员跌落的手扶栏杆。手扶栏杆的高度不应低于 1m，并能承受 1000N 的水平移动集中载荷。在栏杆一半高度处应设置中间手扶横杆。

10.3 塔机的尾部与周围建筑物及其外围施工设施之间的安全距离不小于 0.6m。

10.4 有架空输电线的场所，塔式起重机的任何部位与输电线的安全距离，应符合表 1 的规定。如因条件限制不能保证表 1 中的安全距离，应与有关部门协商，并采取安全防范措施后方可架设。

表 1

安全距离 / m	电压 / kV				
	<1	1 ~ 15	20 ~ 40	60 ~ 110	220
沿垂直方向	1.5	3.0	4.0	5.0	6.0
沿水平方向	1.0	1.5	2.0	4.0	5.0

10.5 两台塔机之间的最小架设距离应保证处于低位塔机的起重臂端部与另一台塔机的塔身之间至少有 2m 的距离；处于高位塔机的最低位置的部件（吊钩升至最高点或平衡重的最低部位）与低位塔机中处于最高位置部件之间的垂直距离不应小于 2m。

3）《北京市建筑起重机械安全监督管理规定》京建施〔2008〕368 号

第二十七条　施工现场塔式起重机平衡臂不得在建筑物上方回转。

起重机械吊运物料时，吊物不得超出施工现场。

1.2 相关隐患图片

1.2.1 两台塔机之间的安全距离

《塔式起重机安全规程》GB 5144-2006

10.5 两台塔机之间的最小架设距离应保证处于低位塔机的起重臂端部与另一台塔机的塔身之间至少有 2m 的距离；处于高位塔机的最低位置的部件（吊钩升至最高点或平衡重的最低部位）与低位塔机中处于最高位置部件之间的垂直距离不应小于 2m。

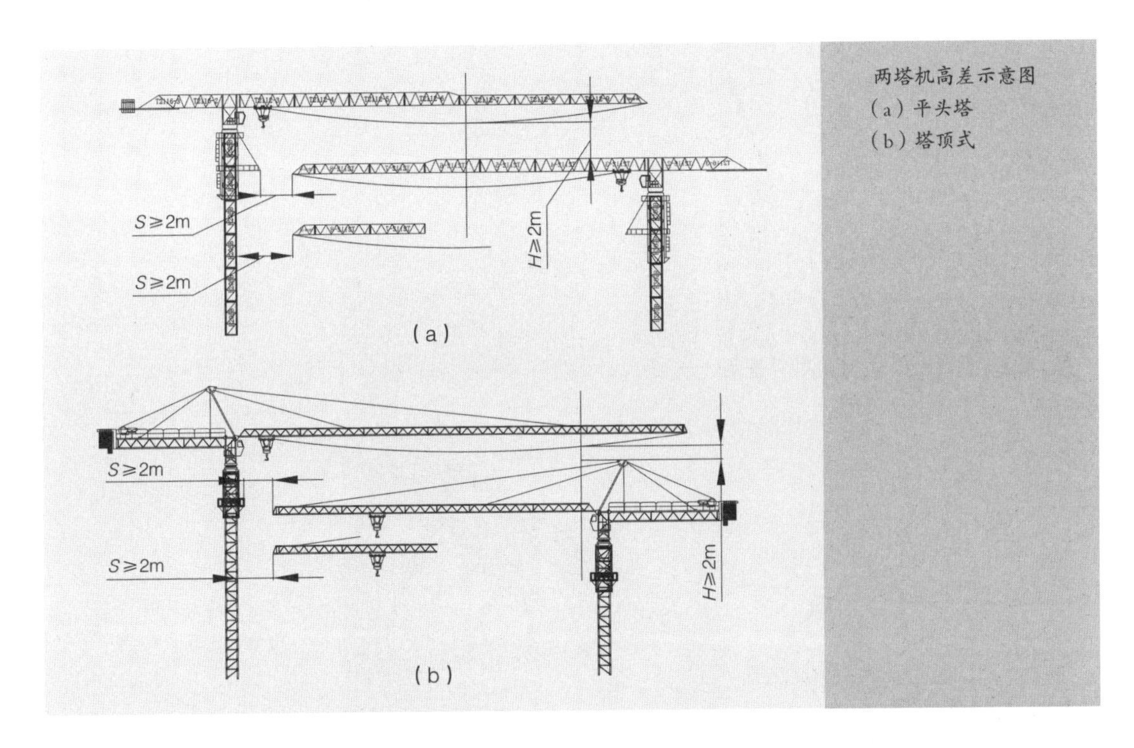

两塔机高差示意图
（a）平头塔
（b）塔顶式

1）起重臂与起重臂之间的垂直距离

图 1.2.1-1

图 1.2.1-2

图 1.2.1-1 ~ 图 1.2.1-9 高位塔机的起重臂与低位塔机中起重臂之间的垂直距离小于 2m。

图 1.2.1-3

图 1.2.1-4

图 1.2.1-5

图 1.2.1-6

图 1.2.1-7

图 1.2.1-8

图 1.2.1-9

2）起重臂与平衡臂之间的垂直距离

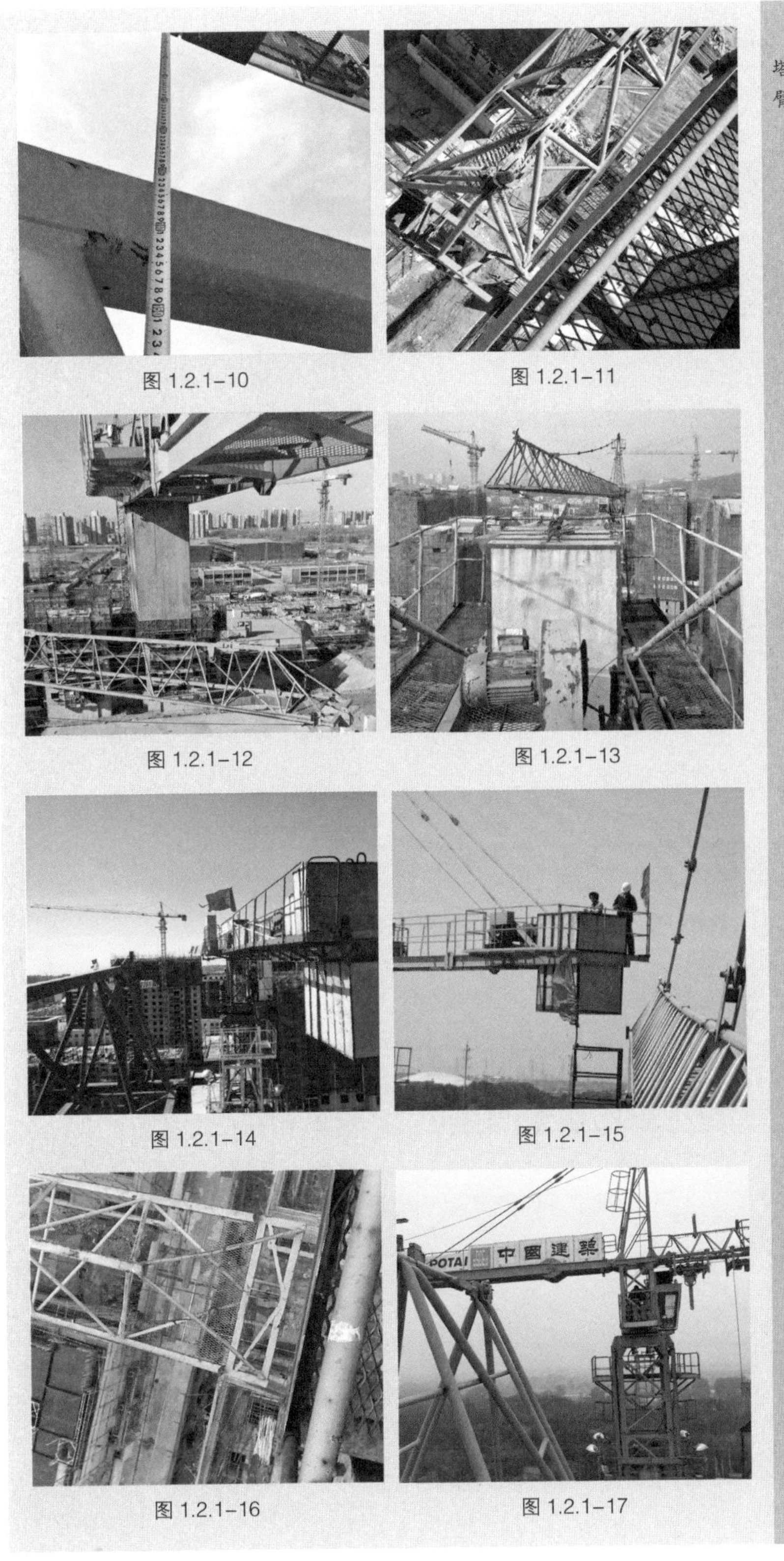

图 1.2.1–10

图 1.2.1–11

图 1.2.1–12

图 1.2.1–13

图 1.2.1–14

图 1.2.1–15

图 1.2.1–16

图 1.2.1–17

图 1.2.1–10 ~ 图 1.2.1–17 塔机的平衡臂与塔机的起重臂之间的垂直距离小于 2m。

3）起重臂与塔尖、拉杆之间的安全距离

图 1.2.1-18

图 1.2.1-19

图 1.2.1-20

图 1.2.1-21

图 1.2.1-18～图 1.2.1-21 处于高位塔机的起重臂与低位塔机的起重臂拉杆之间的垂直距离小于 2m。

4）起重臂与塔身之间的水平距离

图 1.2.1-22

图 1.2.1-23

图 1.2.1-24

图 1.2.1-22～图 1.2.1-24 低位塔机的起重臂端部与另一台塔机的塔身之间的距离小于 2m。

1.2.2 与其他建筑机械之间的安全距离

图 1.2.2-1

图 1.2.2-1 与施工升降机之间的安全距离不符合要求。

1.2.3 与高压输电线的距离

1)《塔式起重机安全规程》GB 5144-2006

10.4 有架空输电线的场所，塔式起重机的任何部位与输电线的安全距离，应符合表 1 的规定。如因条件限制不能保证表 2 中的安全距离，应与有关部门协商，并采取安全防范措施后方可架设。

表 2

安全距离 /m	电压 /kV				
	<1	1 ~ 15	20 ~ 40	60 ~ 110	220
沿垂直方向	1.5	3.0	4.0	5.0	6.0
沿水平方向	1.0	1.5	2.0	4.0	6.0

2)《施工现场临时用电安全技术规范》JGJ 46-2005

4.1.6 当达不到本规范第 4.1.2 ~ 4.1.4 条中规定时，必须采取绝缘隔离防护措施，并应悬挂醒目的警告标志。

图 1.2.3-1

图 1.2.3-2

图 1.2.3-3

图 1.2.3-4

图 1.2.3-5

图 1.2.3-6

图 1.2.3-7

图 1.2.3-1 ~ 图 1.2.3-5 塔机起重臂与输电线距离不符合标准规定。

图 1.2.3-6、图 1.2.3-7 防护搭设不符合标准规定。

1.2.4 与周围建筑物的距离

《北京市建筑起重机械安全监督管理规定》京建施〔2008〕368 号

第二十七条 施工现场塔式起重机平衡臂不得在建筑物上方回转。

起重机械吊运物料时，吊物不得超出施工现场。

图 1.2.4-1

图 1.2.4-2

图 1.2.4-1、图 1.2.4-2 施工现场塔式起重机平衡臂在建筑物上方回转。

第2章

金属结构

1）标志

（1）《塔式起重机》GB/T 5031-2019

8.4 设备可追溯性信息

塔机的标准节、臂架、拉杆、塔顶等主要结构件应设有可追溯制造日期的永久性标志。

（2）《塔式起重机安全规程》GB5144-2006

4.8 塔机的塔身标准节、起重臂节、拉杆、塔帽等结构件应具有可追溯出厂日期的永久性标志。同一塔机的不同规格的塔身标准节应具有永久性的区分标志。

图 2-1

图 2-2

图 2-3

图 2-4

图 2-5

图 2-6

图 2-1～图 2-6 塔机各部位标志图。

2.1　塔身结构

2.1.1　相关标准条款

1)《塔式起重机》GB/T 5031-2019

5.3.5 排水

塔机钢结构外露表面不应有存水。封闭的管件和箱型结构内部不应存留水。

2)《塔式起重机安全规程》GB 5144-2006

10.1.2 塔机在安装、增加塔身标准节之前应对结构件和高强度螺栓进行检查，若发现下列问题应修复或更换后方可进行安装：

a）目视可见的结构件裂纹及焊缝裂纹；

b）连接件的轴、孔严重磨损；

c）结构件母材严重锈蚀；

d）结构件整体或局部塑性变形，销孔塑性变形。

3)《建筑施工塔式起重机安装、使用、拆卸安全技术规程》JGJ 196-2010

2.0.16 塔式起重机在安装和使用过程中，发现有下列情况之一的，不得安装和使用：

1. 结构件上有可见裂纹和严重锈蚀的；

2. 主要受力构件存在塑性变形的；

3. 连接件存在严重磨损和塑性变形的；

4. 钢丝绳达到报废标准的；

5. 安全装置不齐全或失效的。

3.4.13 连接件及其防松防脱件严禁用其他代用品代用。连接件及其防松防脱件应使用力矩扳手或专用工具紧固连接螺栓。

4)《塔式起重机钢结构制造与检验》JB/T 11157-2011

9.3.3.2 焊缝外观检验一般采用目测，必要时可用放大镜或表面检测方法辅助判断。

9.3.3.3 焊缝外形尺寸应使用焊接检验尺进行检验，检验的选点应具有代表性。

9.3.3.4 焊缝外形尺寸经检验超出要求时，应进行修磨或按一定工艺进行局部补焊，返修后应符合本标准的规定，且补焊的焊缝应与原焊缝间保持圆滑过渡。

2.1.2　相关隐患图片

1. 结构焊缝

1）开焊

《塔式起重机安全规程》GB 5144-2006

10.1.2 塔机在安装、增加塔身标准节之前应对结构件和高强度螺栓进行检查，若发现目视可见的结构件裂纹及焊缝裂纹，应修复或更换后方可进行安装。

图 2.1.2-1

图 2.1.2-2

图 2.1.2-3

图 2.1.2-4

图 2.1.2-5

图 2.1.2-6

图 2.1.2-7

图 2.1.2-8

图 2.1.2-1 ~ 图 2.1.2-4 标准节主肢开焊。

图 2.1.2-5 标准节内加强板开焊。

图 2.1.2-6、图 2.1.2-7 加强节开焊。

图 2.1.2-8 ~ 图 2.1.2-11 标准节斜腹杆开焊。

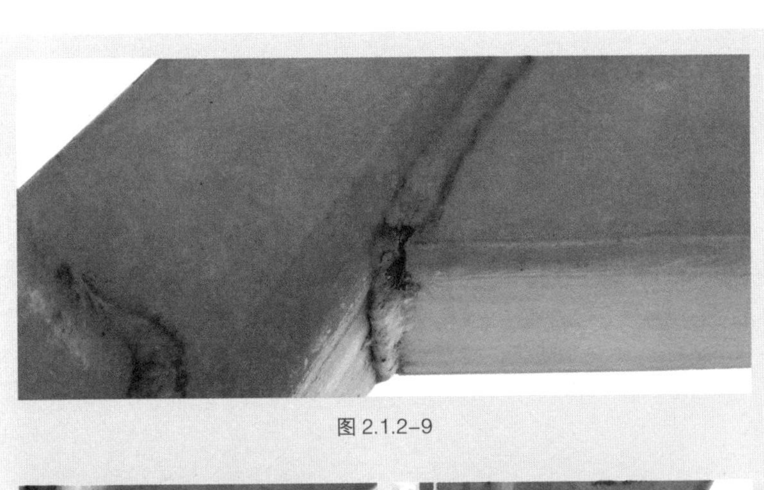

图 2.1.2-9

图 2.1.2-10

图 2.1.2-11

图 2.1.2-12 ~图 2.1.2-14 标准节螺栓连接套开焊。

图 2.1.2-12

图 2.1.2-13

图 2.1.2-15、图 2.1.2-16 加强板开焊。

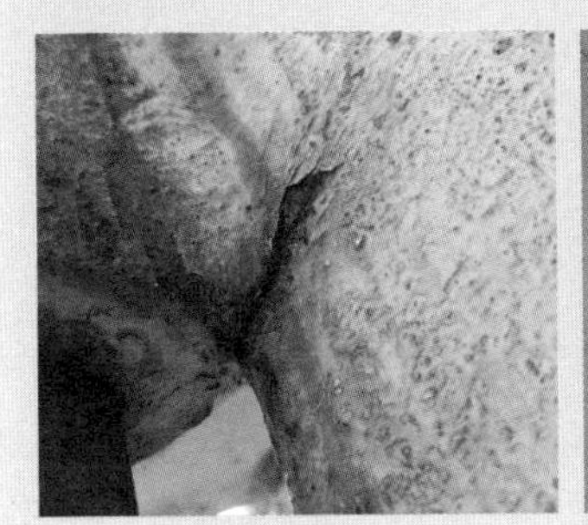

图 2.1.2-14

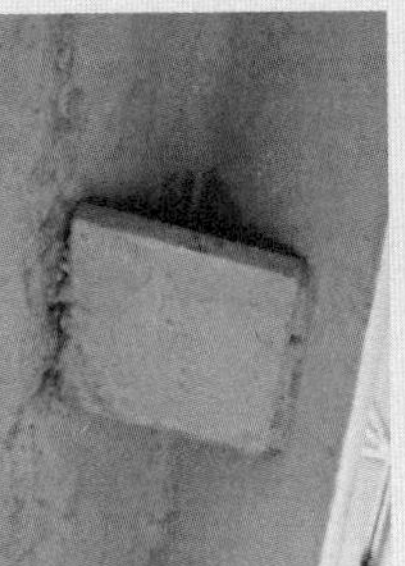

图 2.1.2-15

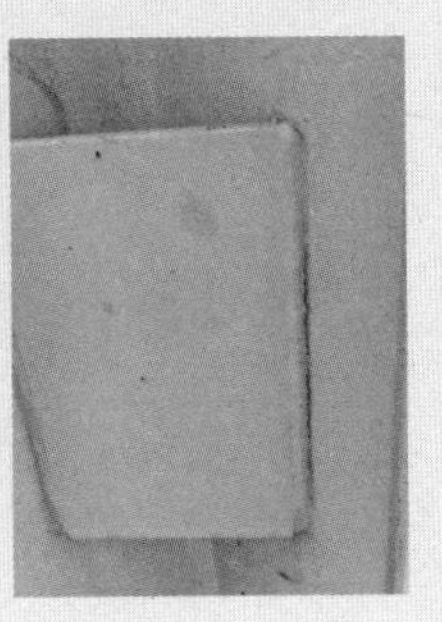

图 2.1.2-16

2）焊接缺陷

《塔式起重机 钢结构制造与检验》JB/T 11157-2011

9.3.3.2 焊缝外观检验一般采用目测，必要时可用放大镜或表面检测方法辅助判断。

9.3.3.3 焊缝外形尺寸应使用焊接检验尺进行检验，检验的选点应具有代表性。

9.3.3.4 焊缝外形尺寸经检验超出要求时，应进行修磨或按一定工艺进行局部补焊，返修后应符合本标准的规定，且补焊的焊缝应与原焊缝间保持圆滑过渡。

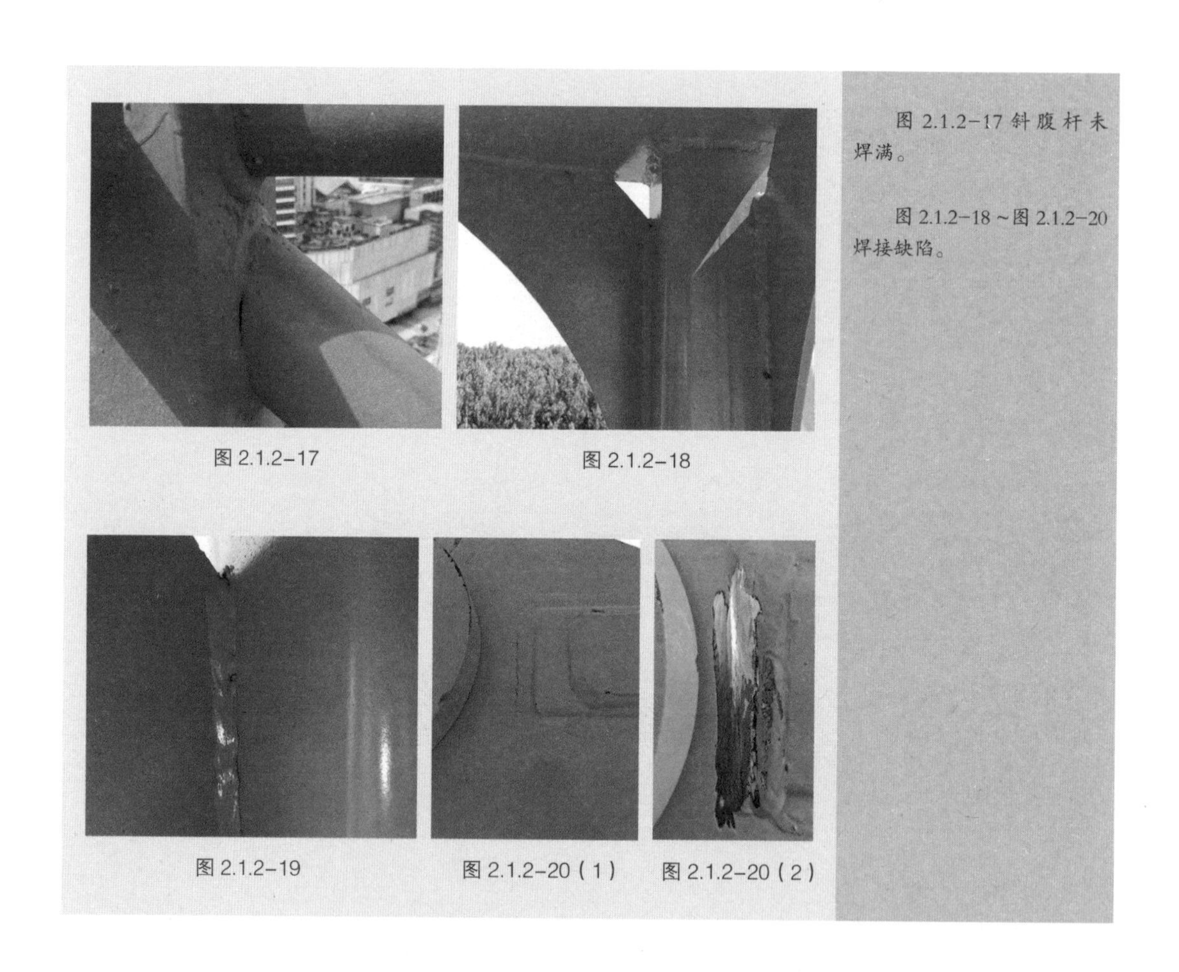

图 2.1.2-17 斜腹杆未焊满。

图 2.1.2-18～图 2.1.2-20 焊接缺陷。

图 2.1.2-17　图 2.1.2-18

图 2.1.2-19　图 2.1.2-20（1）　图 2.1.2-20（2）

3）冻胀、裂

《塔式起重机》GB/T 5031-2019

5.3.5 排水

塔机钢结构外露表面不应有存水。封闭的管件和箱型结构内部不应存留水。

图 2.1.2-21

图 2.1.2-22

图 2.1.2-23

图 2.1.2-24

图 2.1.2-21 ~图 2.1.2-24 标准节冻胀、裂。

4）结构变形

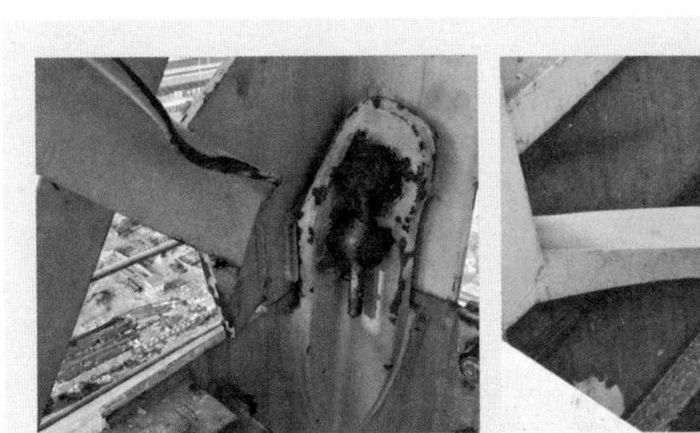

图 2.1.2-25

图 2.1.2-26

图 2.1.2-25 ~图 2.1.2-28 标准节斜腹杆变形。

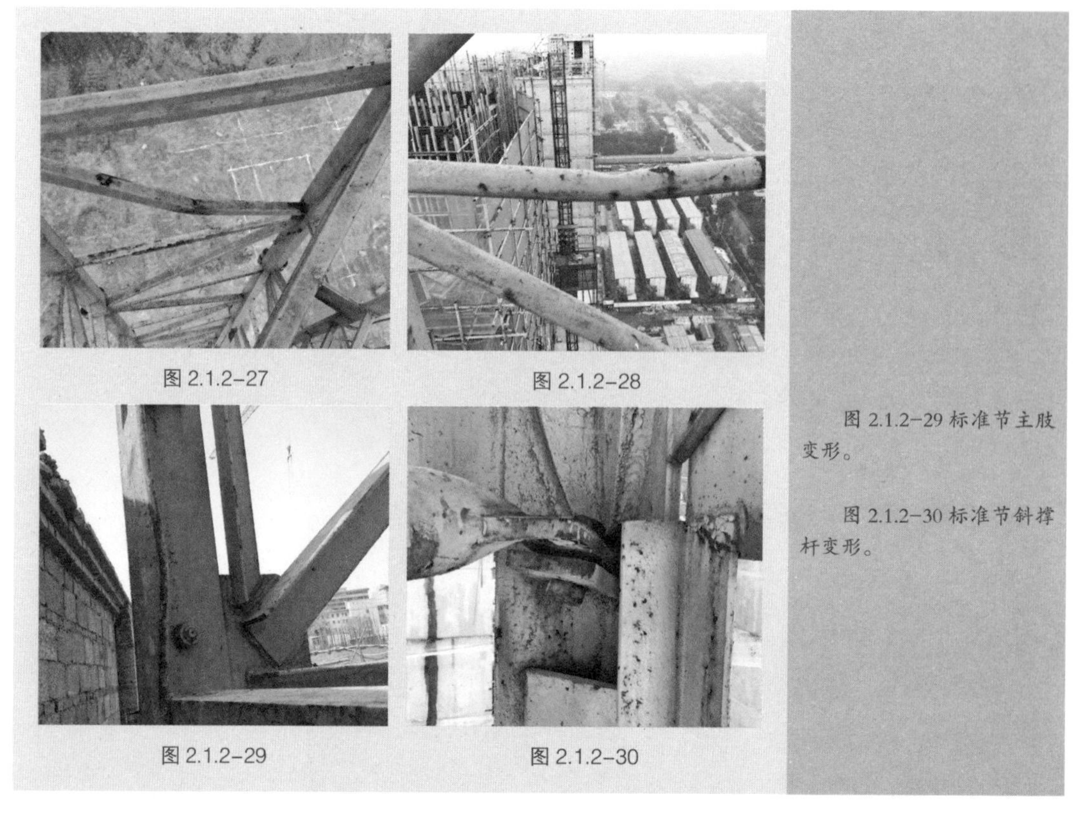

图 2.1.2-27

图 2.1.2-28

图 2.1.2-29

图 2.1.2-30

图 2.1.2-29 标准节主肢变形。

图 2.1.2-30 标准节斜撑杆变形。

5）结构断裂

图 2.1.2-31

图 2.1.2-32

图 2.1.2-33

图 2.1.2-34

图 2.1.2-31、图 2.1.2-32 标准节主肢断裂。

图 2.1.2-33 斜腹杆断裂。

图 2.1.2-34 斜腹杆断裂后焊接整改。

6）标准节组装

（1）不同规格的标准节安装位置不符合使用说明书要求。

图 2.1.2-35
图 2.1.2-36
图 2.1.2-37
图 2.1.2-38
图 2.1.2-39
图 2.1.2-40
图 2.1.2-41
图 2.1.2-42

图 2.1.2-35 ~图 2.1.2-46 不同规格的标准节安装位置不符合使用说明书要求。

图 2.1.2-43　图 2.1.2-44

图 2.1.2-45　图 2.1.2-46

（2）标准节腹杆结构形式不一致

图 2.1.2-47

图 2.1.2-48

图 2.1.2-49

图 2.1.2-47 ~图 2.1.2-49 标准节腹杆结构型式不一致。

（3）标准节拼装方式不符合使用说明书要求

图 2.1.2-50（1）

图 2.1.2-50（2）

图 2.1.2-50（1）、图 2.1.2-50（2）标准节拼装方式不符合使用说明书要求。

（4）加自制调整垫

图 2.1.2-51

图 2.1.2-52

图 2.1.2-51 ~图 2.1.2-57 标准节之间加自制调整垫。

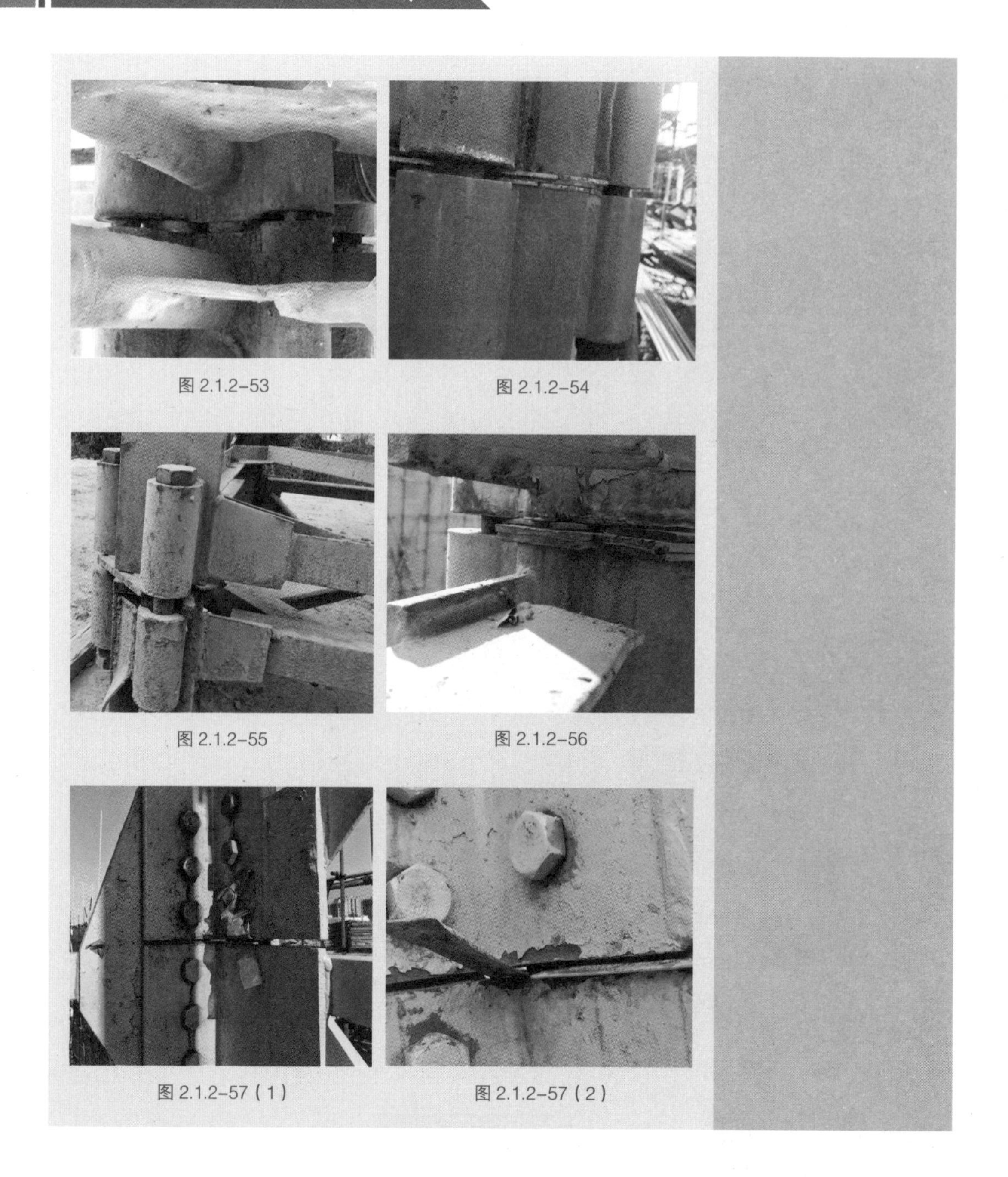

图 2.1.2-53

图 2.1.2-54

图 2.1.2-55

图 2.1.2-56

图 2.1.2-57（1）

图 2.1.2-57（2）

7）螺栓连接

（1）螺栓松动

《建筑施工塔式起重机安装、使用、拆卸安全技术规程》JGJ196-2010

3.4.13 连接件及其防松防脱件严禁用其他代用品代用。连接件及其防松防脱件应使用力矩扳手或专用工具紧固连接螺栓。

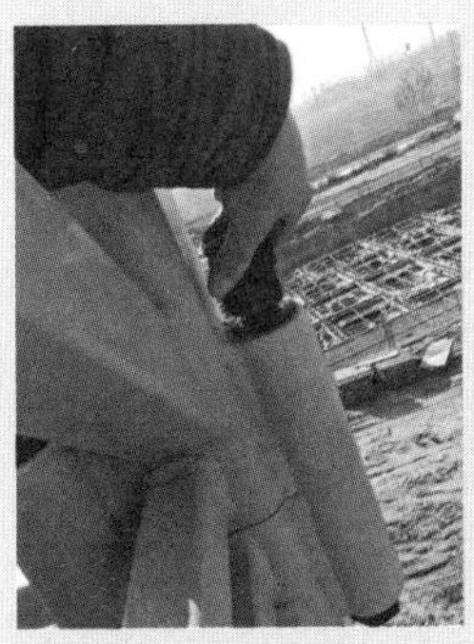
图 2.1.2-58

图 2.1.2-59

图 2.1.2-60

图 2.1.2-58 ~ 图 2.1.2-63 标准节主肢连接螺栓松动。

图 2.1.2-61

图 2.1.2-62

图 2.1.2-63

图 2.1.2-64

图 2.1.2-65

图 2.1.2-64 ~ 图 2.1.2-70 标准节拼接螺栓松动。

图 2.1.2-66

图 2.1.2-67

图 2.1.2-68

图 2.1.2–69

图 2.1.2–70

（2）螺栓螺母不匹配

《建筑施工塔式起重机安装、使用、拆卸安全技术规程》JGJ 196–2010

3.4.13 连接件及其防松防脱件严禁用其他代用品代用。

《建筑施工升降设备设施检验标准》JGJ 305–2013

8.2.3.4 高强螺栓连接应按说明书要求预紧，应有双螺母防松措施且螺栓高出螺母顶平面的 3 倍螺距。

图 2.1.2–71

图 2.1.2–72

图 2.1.2–73

图 2.1.2–74

图 2.1.2–75

图 2.1.2–71 ~ 图 2.1.2–75 连接螺栓未露出 3 倍螺距。

(3) 连接螺栓缺失

图 2.1.2-76

图 2.1.2-77

图 2.1.2-78

图 2.1.2-79

图 2.1.2-80

图 2.1.2-76、图 2.1.2-77 标准节斜腹杆连接螺栓缺失。

图 2.1.2-78 标准节拼接螺栓缺失。

图 2.1.2-79 标准节斜腹杆连接螺母缺失。

图 2.1.2-80 标准节水平腹杆连接螺栓缺失。

(4) 用铁丝代替

图 2.1.2-81

图 2.1.2-82

图 2.1.2-83

图 2.1.2-81 ~ 图 2.1.2-83 标准节斜腹杆连接螺栓用铁丝代替。

(5) 连接不规范

图 2.1.2-84

图 2.1.2-85

图 2.1.2-84、图 2.1.2-85 标准节斜撑杆连接螺栓安装不规范。

8）销轴连接

图 2.1.2-86

图 2.1.2-86 规范的塔身标准节销轴连接方式。

（1）立销缺失

图 2.1.2-87

图 2.1.2-88

图 2.1.2-87、图 2.1.2-88 立销缺失。

（2）立销未安装到位

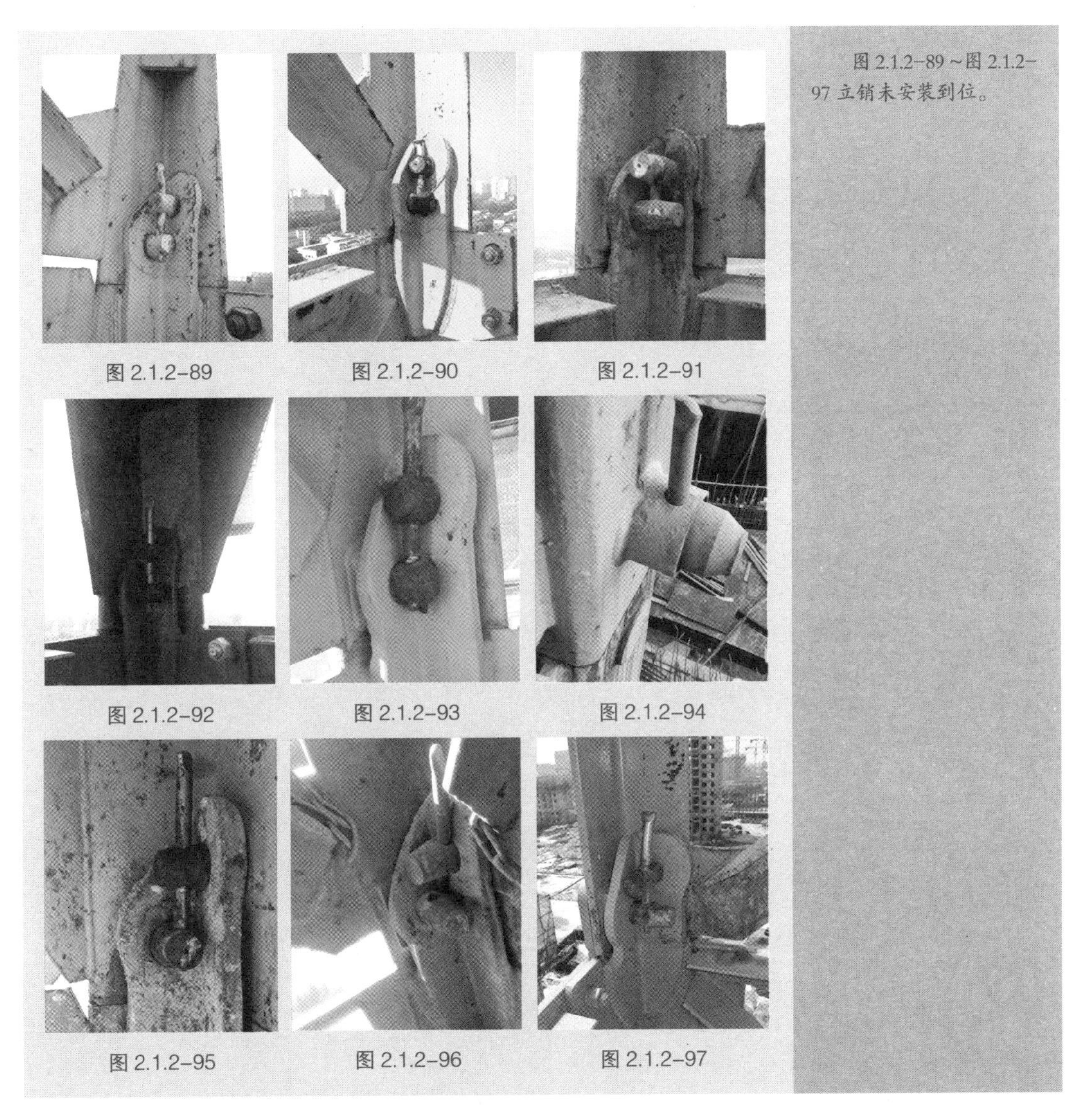
图 2.1.2-89 图 2.1.2-90 图 2.1.2-91
图 2.1.2-92 图 2.1.2-93 图 2.1.2-94
图 2.1.2-95 图 2.1.2-96 图 2.1.2-97

图 2.1.2-89～图 2.1.2-97 立销未安装到位。

（3）立销、开口销缺失

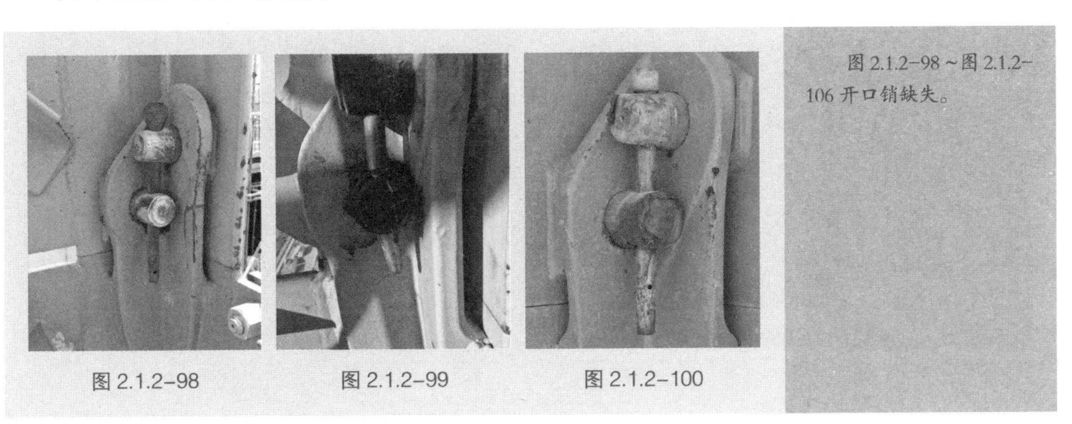
图 2.1.2-98 图 2.1.2-99 图 2.1.2-100

图 2.1.2-98～图 2.1.2-106 开口销缺失。

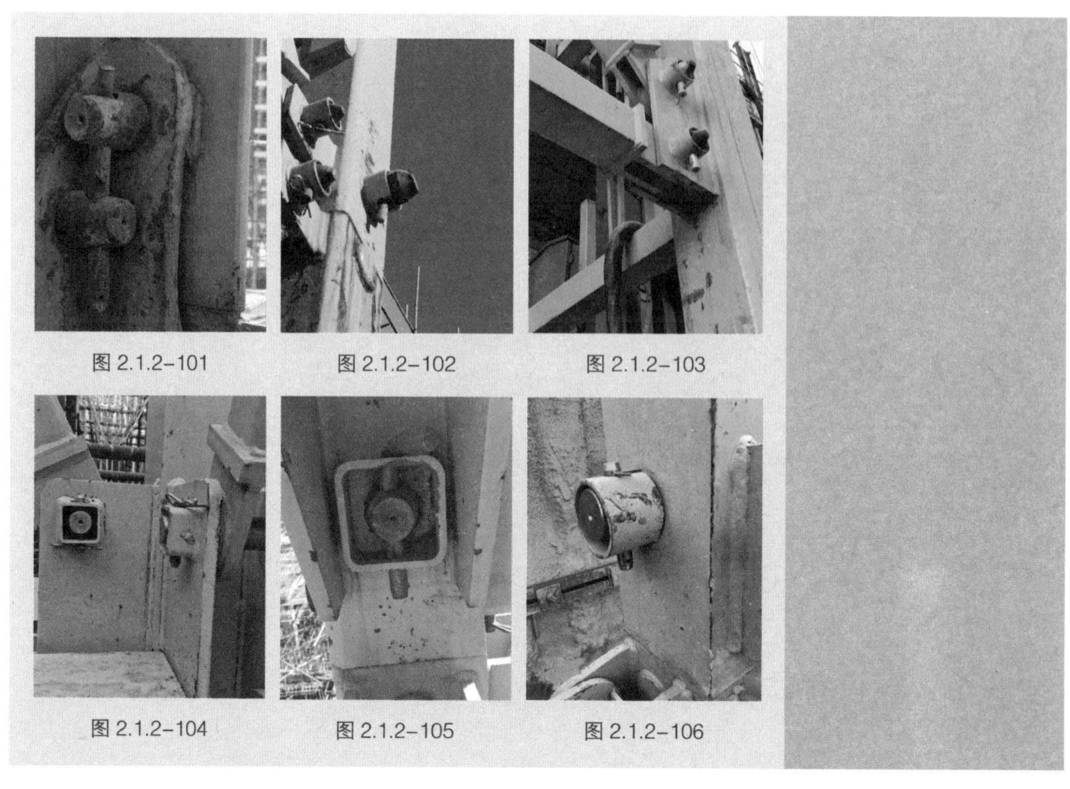

图 2.1.2-101　图 2.1.2-102　图 2.1.2-103

图 2.1.2-104　图 2.1.2-105　图 2.1.2-106

（4）开口销用铁丝代替

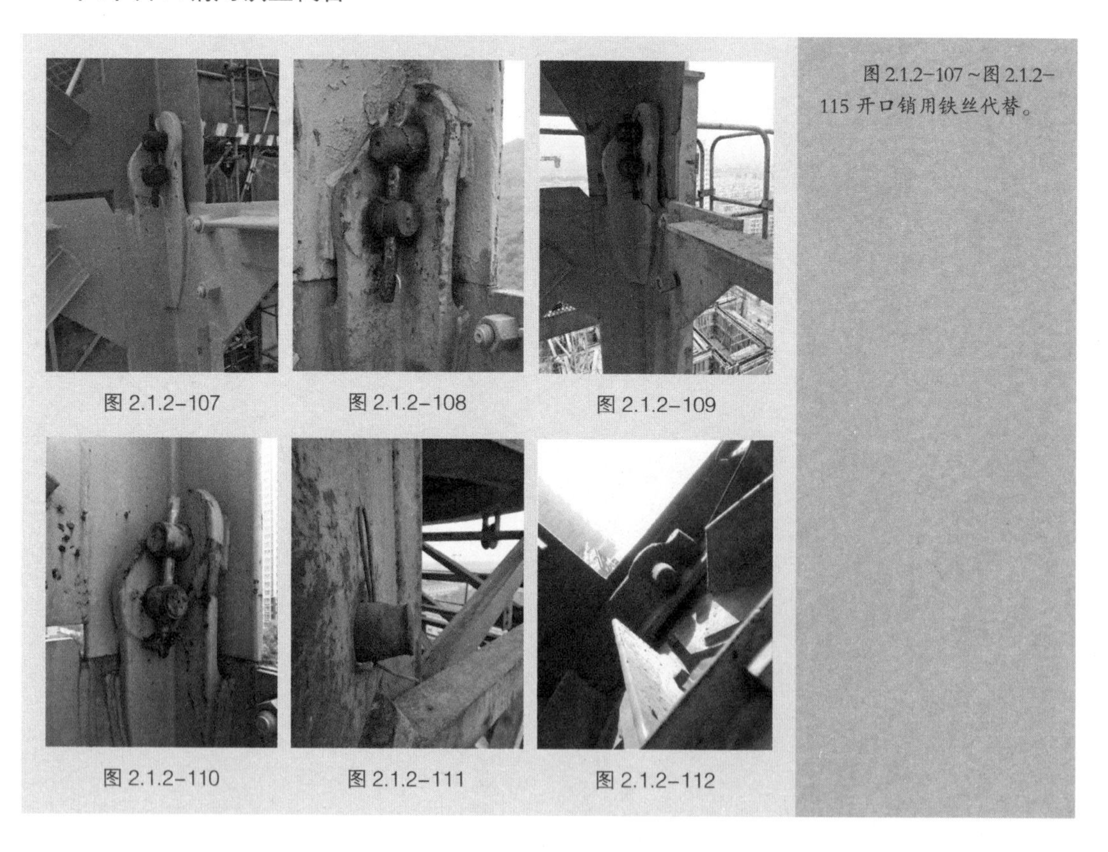

图 2.1.2-107　图 2.1.2-108　图 2.1.2-109

图 2.1.2-110　图 2.1.2-111　图 2.1.2-112

图 2.1.2-107 ~ 图 2.1.2-115 开口销用铁丝代替。

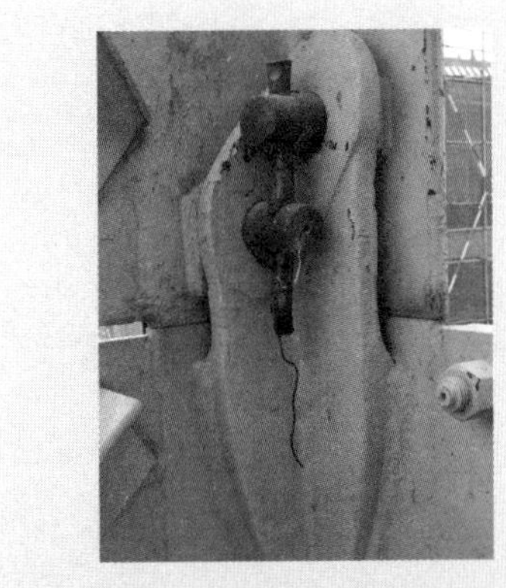
图 2.1.2–113

图 2.1.2–114

图 2.1.2–115

图 2.1.2–116

图 2.1.2–116 铁丝缠绕销轴。

（5）立销用钢筋代替

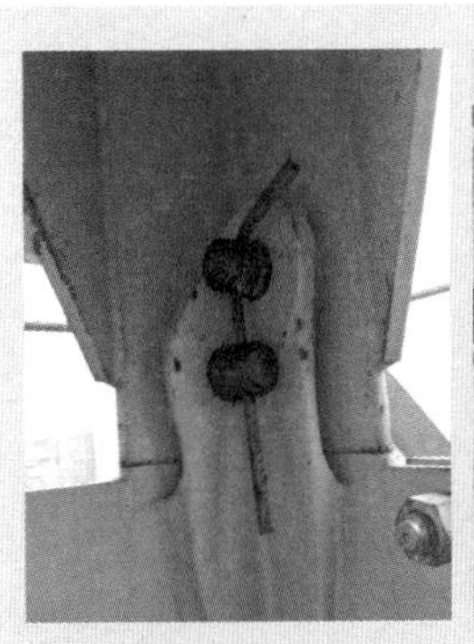
图 2.1.2–117

图 2.1.2–118

图 2.1.2–119

图 2.1.2–120

图 2.1.2–121

图 2.1.2–122

图 2.1.2–117～图 2.1.2–124 立销用钢筋代替。

图 2.1.2-123

图 2.1.2-124

（6）立销安装不规范

图 2.1.2-125

图 2.1.2-126

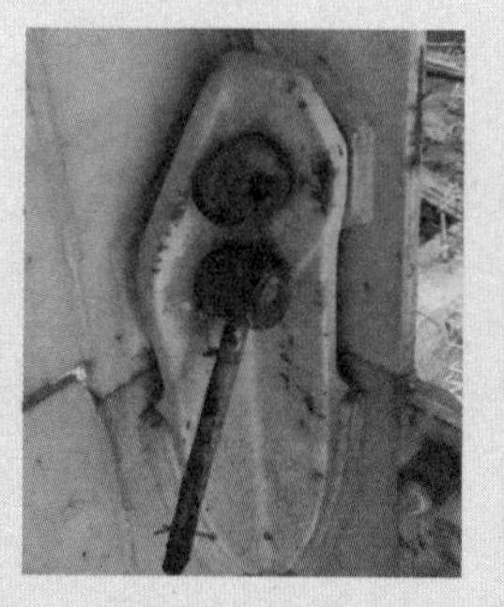

图 2.1.2-127

图 2.1.2-125 ~ 图 2.1.2-132 立销安装不规范。

图 2.1.2-128

图 2.1.2-129

图 2.1.2-130

图 2.1.2-131

图 2.1.2-132

图 2.1.2-133

图 2.1.2-133 ~ 图 2.1.2-135 立销开口销安装不规范。

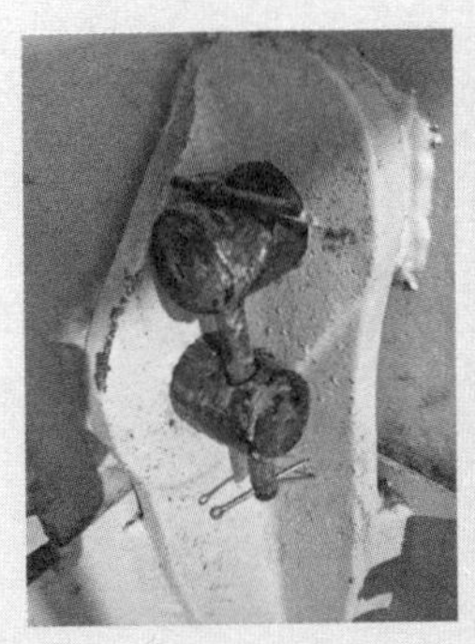
图 2.1.2-134

图 2.1.2-135

图 2.1.2-136

图 2.1.2-136、图 2.1.2-137 塔身标准节连接销轴立销用螺栓代替。

图 2.1.2-137

图 2.1.2-138

图 2.1.2-139

图 2.1.2-138 立销安装方向不符合要求。

图 2.1.2-139 开口销安装不正确。

图 2.1.2-140

图 2.1.2-141

图 2.1.2-142

图 2.1.2-140 开口销未打开。

图 2.1.2-141 ~图 2.1.2-145 立销变形。

图 2.1.2-143

图 2.1.2-144

图 2.1.2-145

(7) 连接销轴与销轴孔配合间隙大

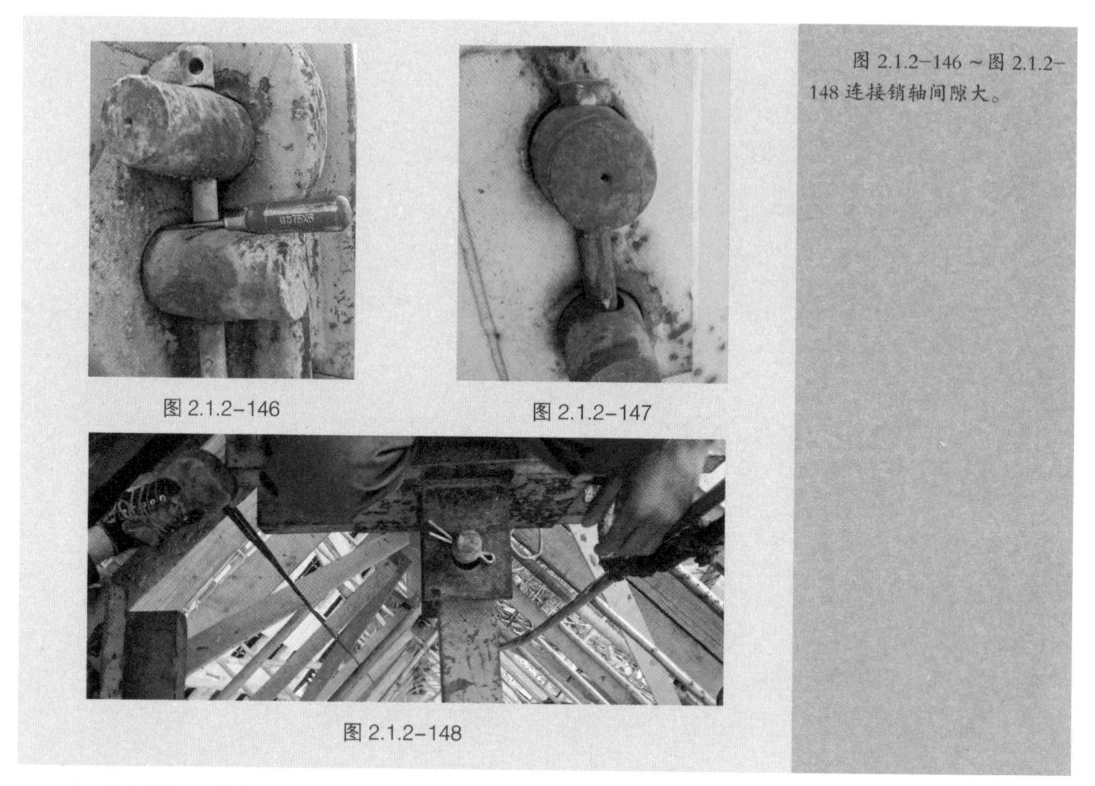

图 2.1.2-146

图 2.1.2-147

图 2.1.2-148

图 2.1.2-146～图 2.1.2-148 连接销轴间隙大。

(8) 钢筋与塔身干涉

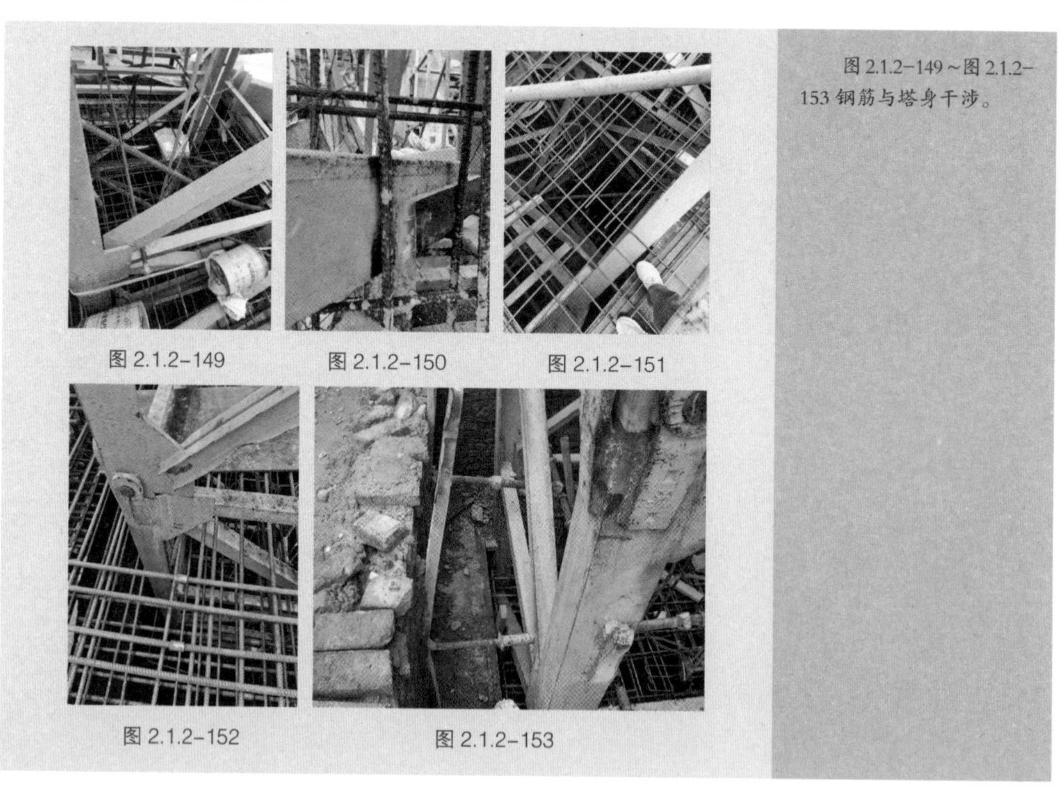

图 2.1.2-149

图 2.1.2-150

图 2.1.2-151

图 2.1.2-152

图 2.1.2-153

图 2.1.2-149～图 2.1.2-153 钢筋与塔身干涉。

2.1.3 梯子、扶手、护圈、平台、走道、踢脚板和栏杆

2.1.3.1 相关标准条款

1）《塔式起重机安全规程》GB 5144-2006

4.3.3 与水平面呈 75°～90°之间的直梯应满足下列条件：

a）边梁之间的宽度不小于 300mm；

b）踏杆间隔为 250～300mm；

c）踏杆与后面结构件间的自由空间（踏脚间隙）不小于 160mm；

d）边梁应可以抓握且没有尖锐边缘；

e）踏杆直径不小于 16mm，且不大于 40mm；

f）踏杆中心 0.1m 范围内承受 1200N 的力时，无永久变形；

g）塔身节间边梁的断开间隙不应大于 40mm。

4.3.4 高于地面 2m 以上的直梯应设置护圈。

4.3.5 当梯子设于塔身内部，塔身结构满足以下条件，且侧面结构不允许直径为 600mm 的球体穿过时，可不设护圈：

a 正方形塔身边长不大于 750mm；

b 等边三角形塔身边长不大于 1100mm。

4.4.1 在操作、维修处应设置平台、走道、踢脚板和栏杆。

4.4.2 离地面 2m 以上的平台和走道应用金属材料制作，并具有防滑性能。

4.4.4 平台或走道的边缘应设置不小于 100mm 高的踢脚板。在需要操作人员穿越的地方，踢脚板的高度可以降低。

4.4.5 离地面 2m 以上的平台及走道应设置防止操作人员跌落的手扶栏杆。手扶栏杆的高度不应低于 1m，并能承受 1000N 的水平移动集中载荷。在栏杆一半高度处应设置中间手扶横杆。

4.4.6 除快装式塔机外，当梯子高度超过 10m 时应设置休息小平台。

4.4.6.1 梯子的第一个休息小平台应设置在不超过 12.5m 的高度处，以后每隔 10m 内设置一个。

4.4.6.3 如梯子在休息小平台处不中断，则护圈也不应中断。但应在护圈侧面开一个宽为 0.5m，高为 1.4m 的洞口，以便操作人员出入。

2.1.3.2 相关隐患图片

1）梯子

（1）梯子用钢筋焊接

图 2.1.3-1　　图 2.1.3-2　　图 2.1.3-3

图 2.1.3-4　　图 2.1.3-5

图 2.1.3-1 ~ 图 2.1.3-5 钢筋自制梯子。

（2）梯子不连续

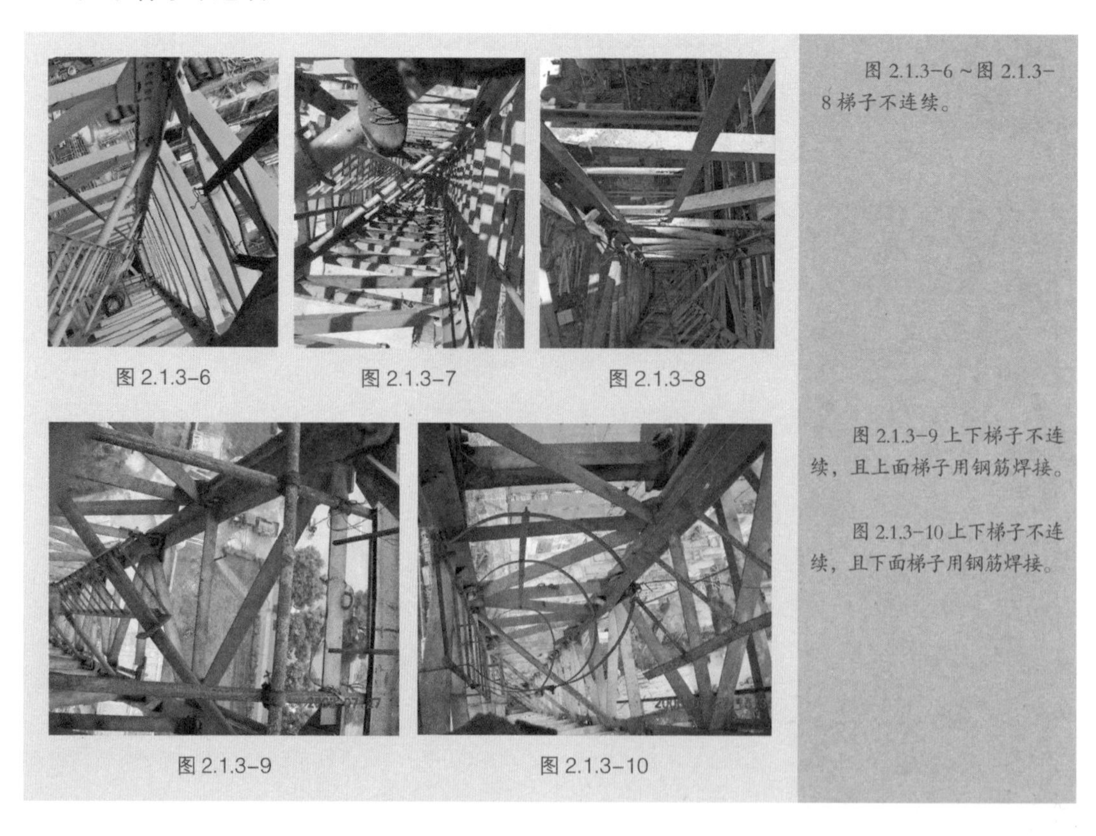
图 2.1.3-6　　图 2.1.3-7　　图 2.1.3-8

图 2.1.3-9　　图 2.1.3-10

图 2.1.3-6 ~ 图 2.1.3-8 梯子不连续。

图 2.1.3-9 上下梯子不连续，且上面梯子用钢筋焊接。

图 2.1.3-10 上下梯子不连续，且下面梯子用钢筋焊接。

（3）梯子用铁丝固定

图 2.1.3-11

图 2.1.3-12

图 2.1.3-13

图 2.1.3-11、图 2.1.3-12 梯子用铁丝固定。

图 2.1.3-13 上下梯子用铁丝固定，且下面梯子用钢筋焊接。

（4）梯级踏杆变形、断裂

图 2.1.3-14

图 2.1.3-15

图 2.1.3-16

图 2.1.3-17

图 2.1.3-14 梯级踏杆弯曲变形。

图 2.1.3-15 ~ 图 2.1.3-17 梯级踏杆弯曲断裂。

（5）踏杆与后面结构件的自由空间

图 2.1.3-18

图 2.1.3-19

图 2.1.3-20

图 2.1.3-18～图 2.1.3-20 踏杆与后面结构件间的自由空间（踏脚间隙）不符合要求。

（6）梯子固定不牢

图 2.1.3-21

图 2.1.3-22

图 2.1.3-23

图 2.1.3-21～图 2.1.3-23 梯子固定不牢。

（7）其他

图 2.1.3-24

图 2.1.3-24 梯子通道阻挡。

2）扶手

（1）休息平台安装不符合要求

图 2.1.3-25

图 2.1.3-26

图 2.1.3-27

图 2.1.3-28

图 2.1.3-25 ~ 图 2.1.3-27 休息平台缺失。

图 2.1.3-28 休息平台用木板代替。

（2）休息平台结构锈蚀及变形

图 2.1.3-29

图 2.1.3-30

图 2.1.3-31

图 2.1.3-32

图 2.1.3-29、图 2.1.3-30 休息平台结构锈蚀。

图 2.1.3-31、图 2.1.3-32 结构变形。

（3）休息平台护栏缺失

图 2.1.3-33

图 2.1.3-34

图 2.1.3-35

图 2.1.3-36

图 2.1.3-37

图 2.1.3-38

图 2.1.3-39

图 2.1.3-40

图 2.1.3-33 ~ 图 2.1.3-40 休息平台护栏缺失。

(4)休息平台固定不牢及不规范

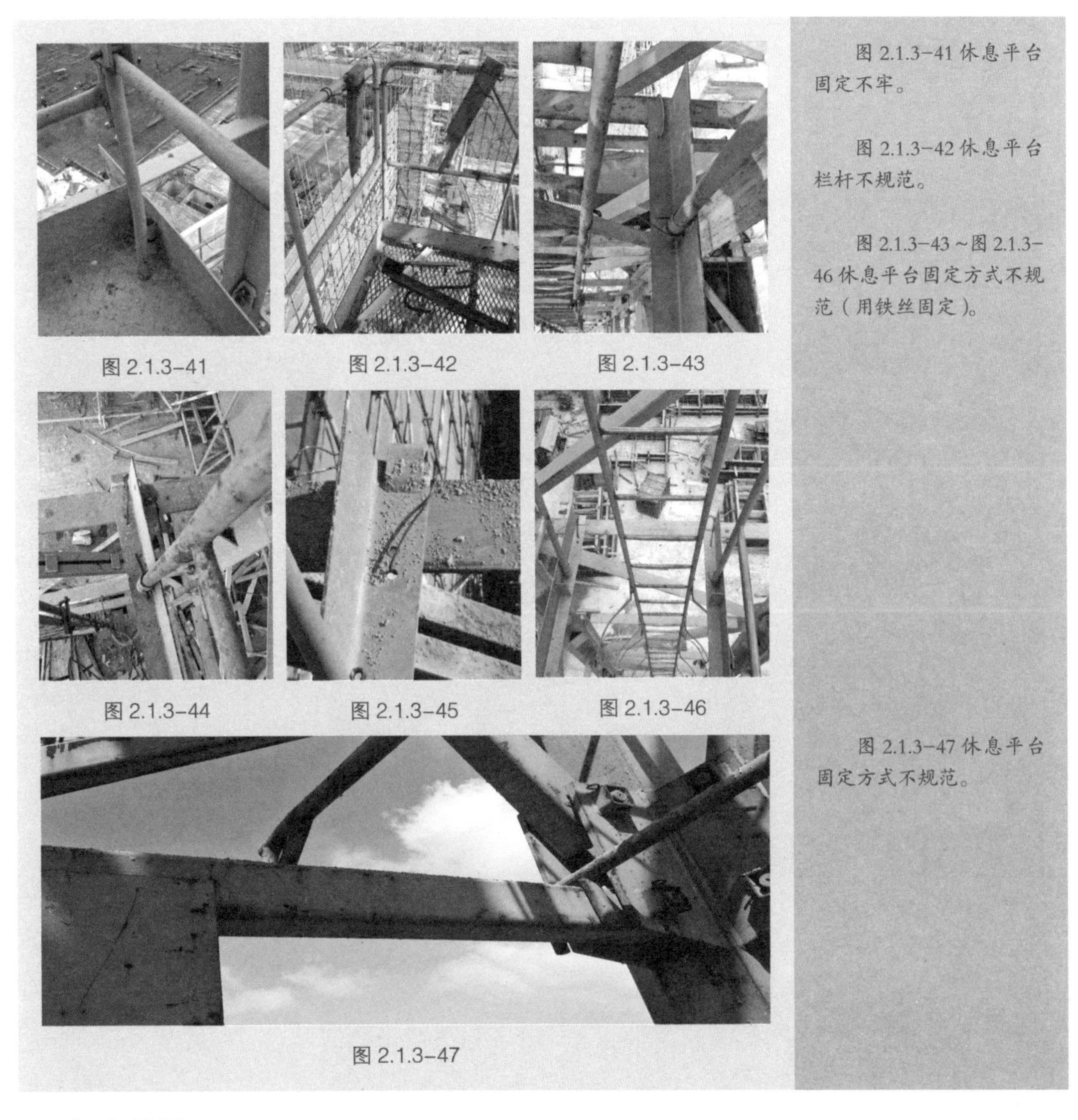

图 2.1.3-41　图 2.1.3-42　图 2.1.3-43

图 2.1.3-44　图 2.1.3-45　图 2.1.3-46

图 2.1.3-47

图 2.1.3-41 休息平台固定不牢。

图 2.1.3-42 休息平台栏杆不规范。

图 2.1.3-43～图 2.1.3-46 休息平台固定方式不规范（用铁丝固定）。

图 2.1.3-47 休息平台固定方式不规范。

(5)护圈

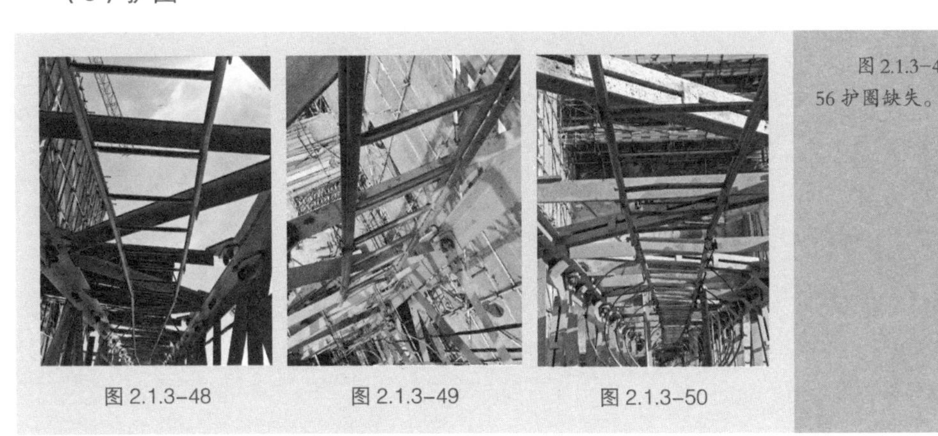

图 2.1.3-48　图 2.1.3-49　图 2.1.3-50

图 2.1.3-48～图 2.1.3-56 护圈缺失。

图 2.1.3-51

图 2.1.3-52

图 2.1.3-53

图 2.1.3-54

图 2.1.3-55

图 2.1.3-56

图 2.1.3-57

图 2.1.3-57 护圈断开。

2.2 起重臂

2.2.1 相关标准条款

《塔式起重机安全规程》GB 5144-2006

4.2.2.2 起重臂连接销轴的定位结构应能满足频繁拆装条件下安全可靠的要求。

4.2.2.3 自升式塔机的小车变幅起重臂，其下弦杆连接销轴不宜采用螺栓固定轴端挡板的形式。当连接销轴轴端采用焊接挡板时，挡板的厚度和焊缝应有足够的强度、挡板与销轴应有足够的重合面积，以防止销轴在安装和工作中由于锤击力及转动可能产生的不利影响。

4.7.1 塔机主要承载结构件由于腐蚀或磨损而使结构的计算应力提高，当超过原计算应力的 15% 时应予报废。对无计算条件的当腐蚀深度达原厚度的 10% 时应予报废。

4.7.2 塔机主要承载结构件如塔身、起重臂等，失去整体稳定性时应报废。如局部有损坏并可修复的，则修复后不应低于原结构的承载能力。

4.7.3 塔机的结构件及焊缝出现裂纹时，应根据受力和裂纹情况采取加强或重新施焊等措施，并在使用中定期观察其发展。对无法消除裂纹影响的应予以报废。

2.2.2 相关隐患图片

1）销轴配合间隙大

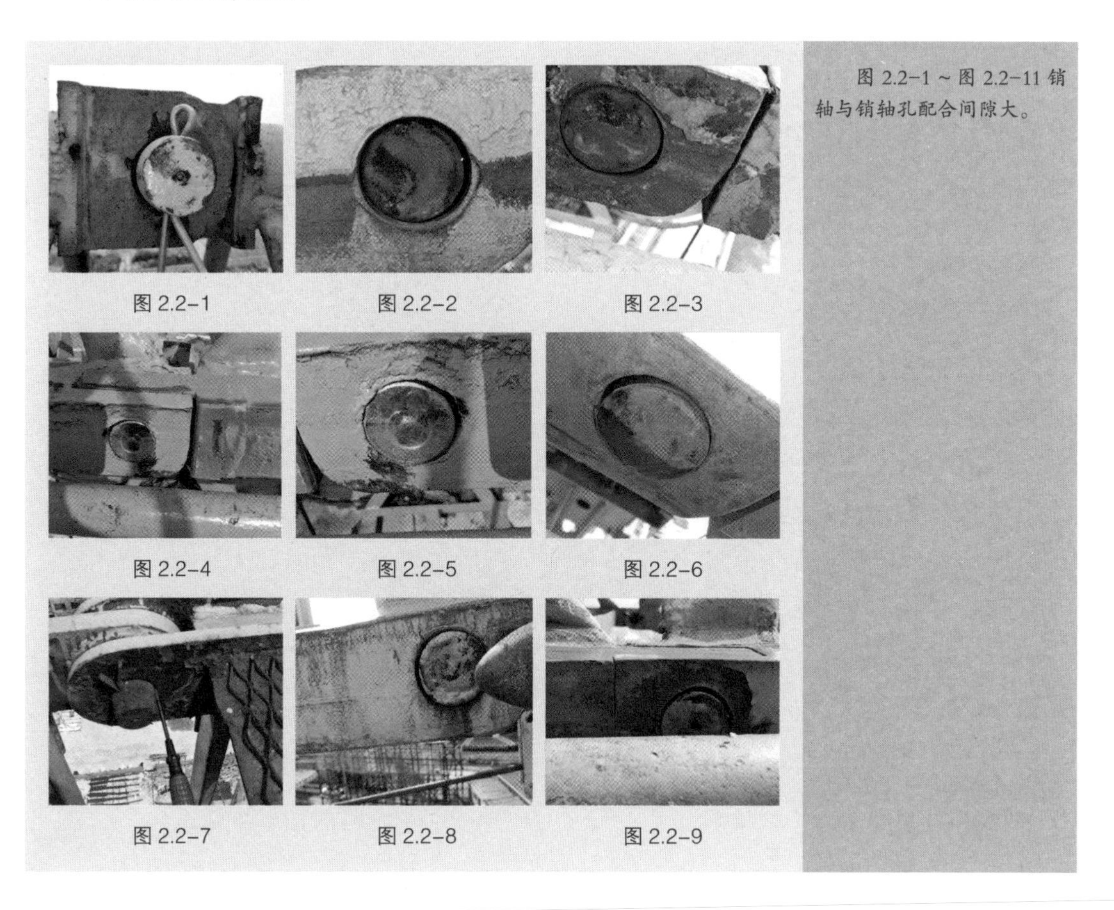

图 2.2-1 图 2.2-2 图 2.2-3

图 2.2-4 图 2.2-5 图 2.2-6

图 2.2-7 图 2.2-8 图 2.2-9

图 2.2-1 ~ 图 2.2-11 销轴与销轴孔配合间隙大。

图 2.2-10　　图 2.2-11

2）开口销安装不规范

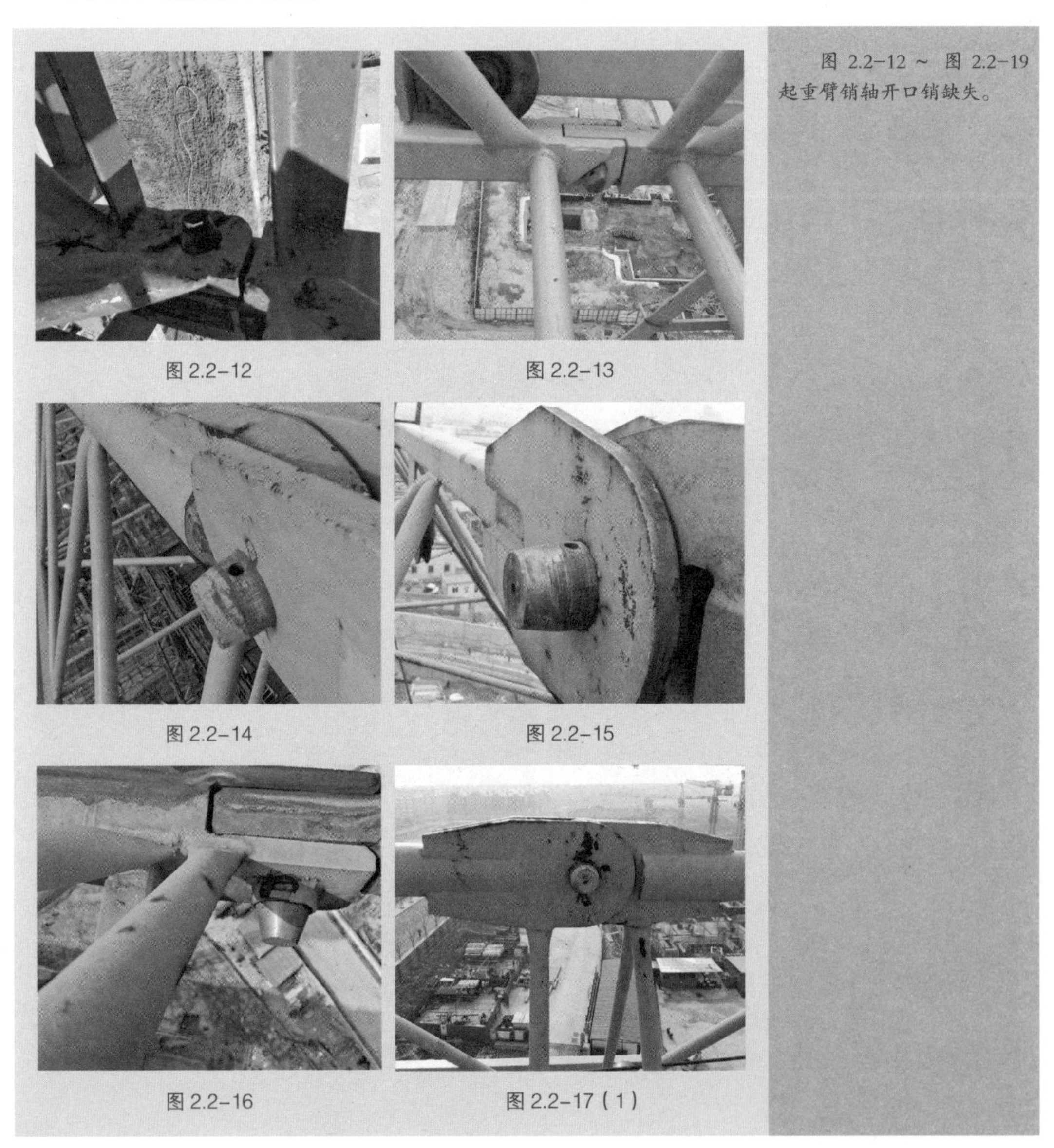

图 2.2-12　　图 2.2-13

图 2.2-14　　图 2.2-15

图 2.2-16　　图 2.2-17（1）

图 2.2-12 ～ 图 2.2-19 起重臂销轴开口销缺失。

图 2.2-17（2）

图 2.2-18

图 2.2-19（1）

图 2.2-19（2）

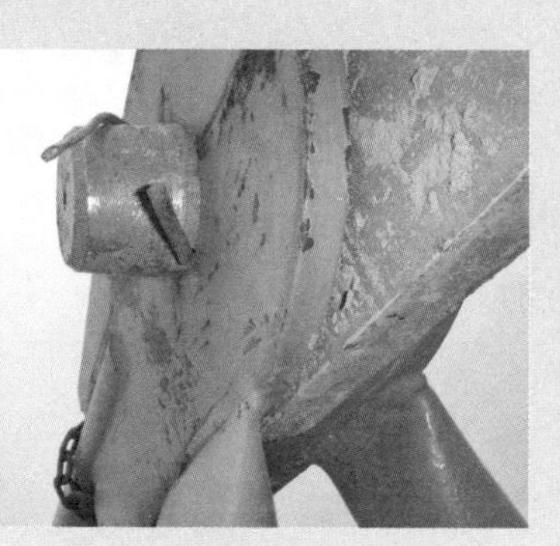

图 2.2-20

图 2.2-20 ~ 图 2.2-22 开口销安装不规范。

图 2.2-21

图 2.2-22

图 2.2-23

图 2.2-24

图 2.2-25

图 2.2-26

图 2.2-23 起重臂定位销用螺栓代替。

图 2.2-24、图 2.2-25 开口销用铁丝代替。

图 2.2-26 开口销安装方向不规范。

3）销轴轴端挡板安装不规范

《塔式起重机安全规程》GB 5144-2006

4.2.2.3 自升式塔机的小车变幅起重臂，其下弦杆连接销轴不宜采用螺栓固定轴端挡板的形式。当连接销轴轴端采用焊接挡板时，挡板的厚度和焊缝应有足够的强度、挡板与销轴应有足够的重合面积，以防止销轴在安装和工作中由于锤击力及转动可能产生的不利影响。

图 2.2-27

图 2.2-28

图 2.2-29

图 2.2-30

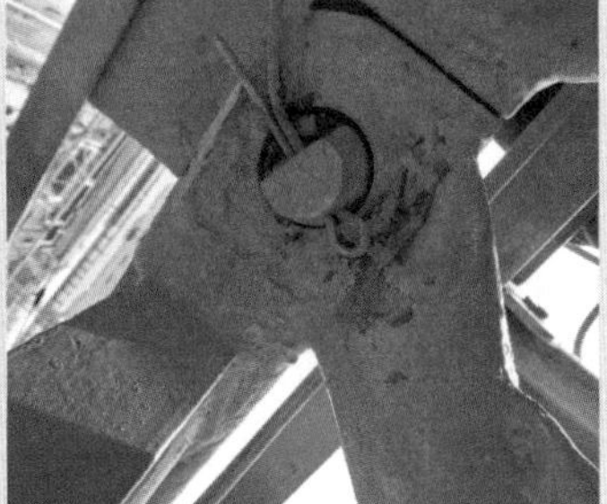

图 2.2-31

图 2.2-27 ~ 图 2.2-31 轴端挡板缺失。

图 2.2-32

图 2.2-32 ~ 图 2.2-47 轴端挡板安装不规范。

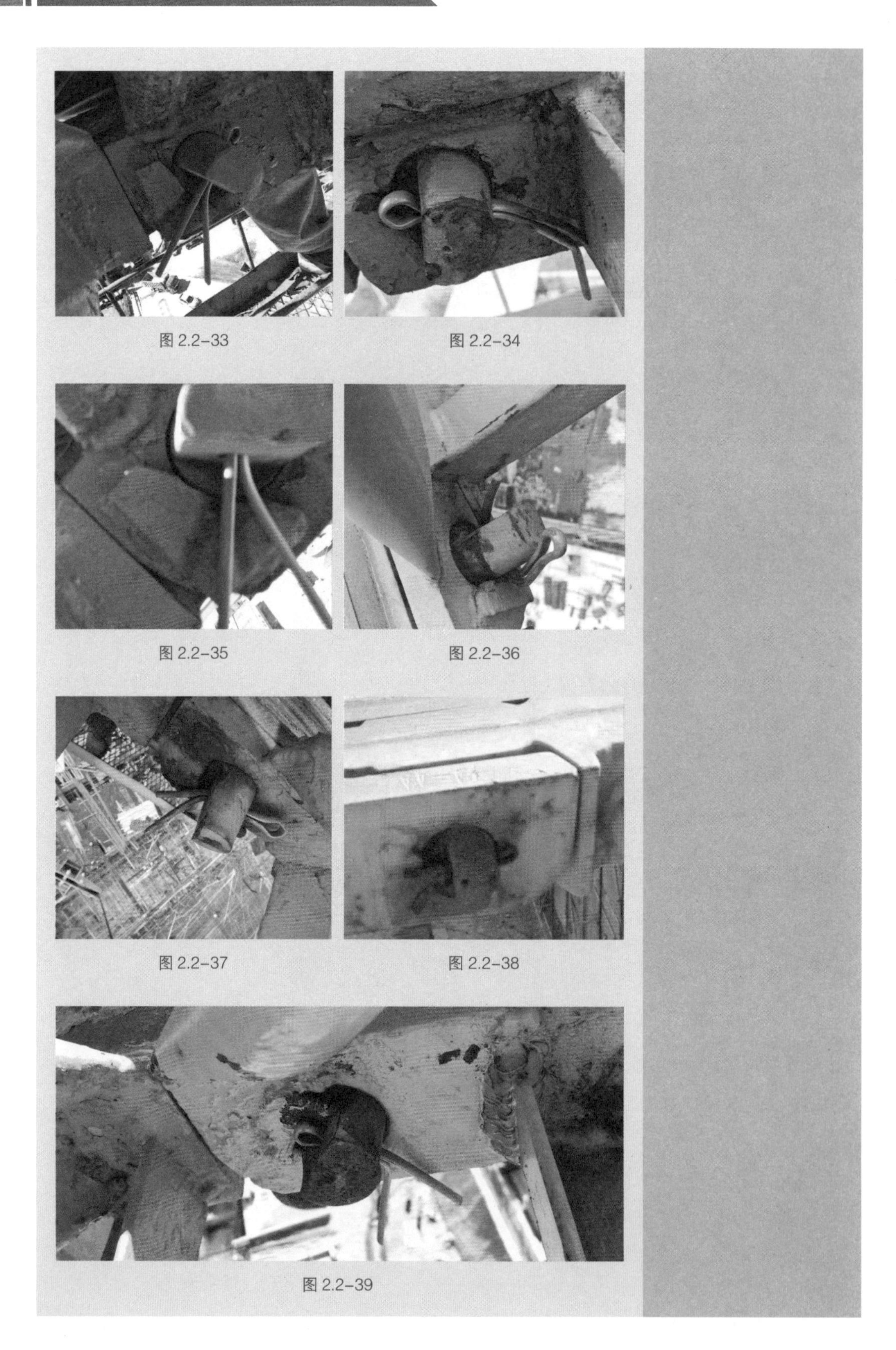

图 2.2-33

图 2.2-34

图 2.2-35

图 2.2-36

图 2.2-37

图 2.2-38

图 2.2-39

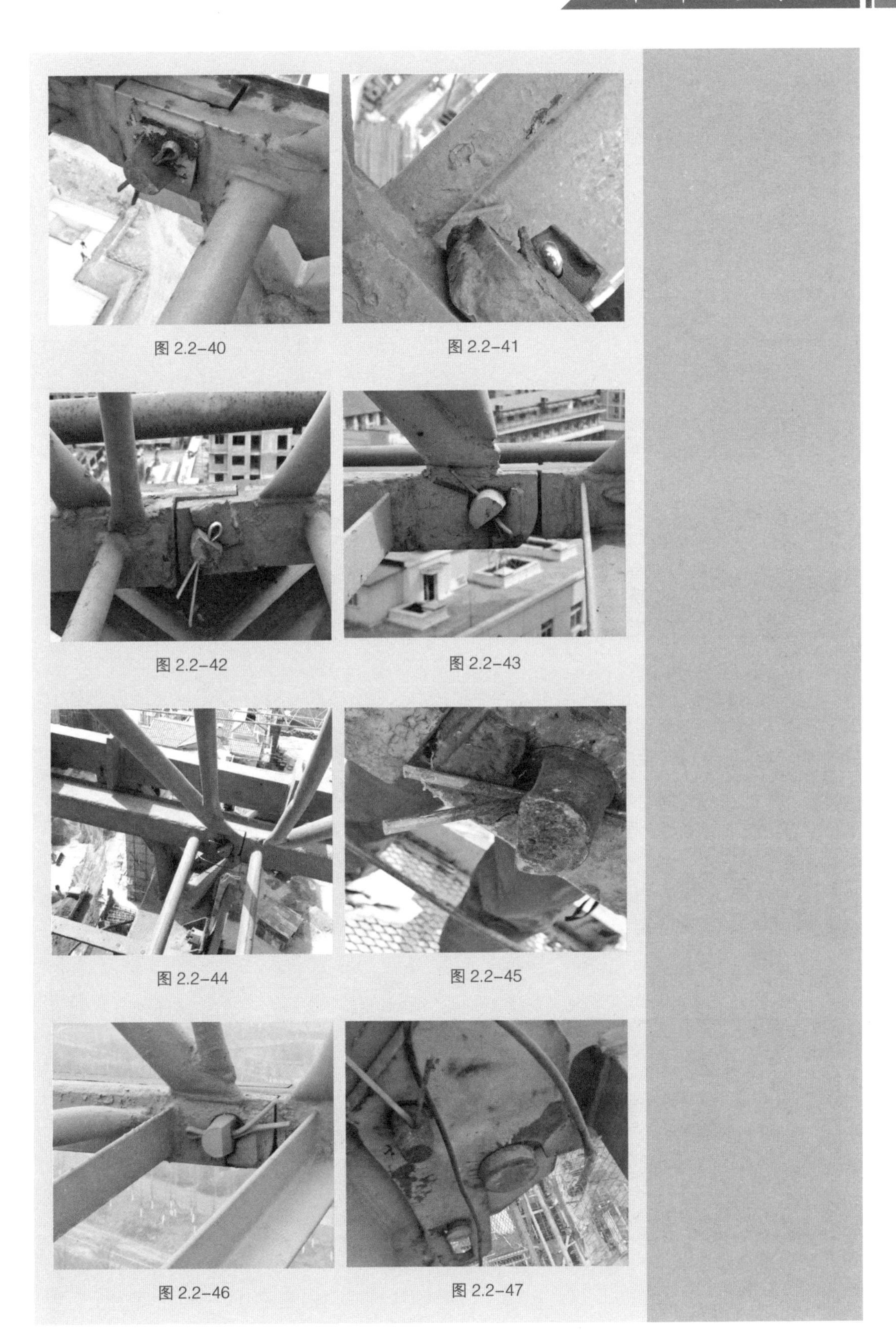

图 2.2-40

图 2.2-41

图 2.2-42

图 2.2-43

图 2.2-44

图 2.2-45

图 2.2-46

图 2.2-47

图 2.2-48

图 2.2-49

图 2.2-50

图 2.2-48、图 2.2-49 轴端挡板自行焊接。

图 2.2-50 销轴安装不规范。

4）结构变形

图 2.2-51

图 2.2-52

图 2.2-51、图 2.2-52 上弦杆变形。

图 2.2-53

图 2.2-54

图 2.2-55

图 2.2-53 下弦杆变形。

图 2.2-54、图 2.2-55 下弦杆弯曲变形。

图 2.2-56

图 2.2-57

图 2.2-56、图 2.2-57 下弦杆侧立面局部凹陷。

图 2.2-58

图 2.2-59

图 2.2-60

图 2.2-61

图 2.2-62

图 2.2-58 ～ 图 2.2-62 斜腹杆变形。

图 2.2-63

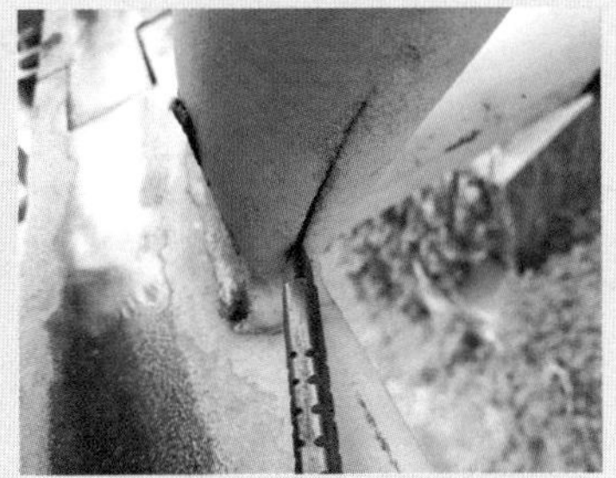

图 2.2-64

图 2.2-63、 图 2.2-64 斜腹杆开裂。

图 2.2-65

图 2.2-66

图 2.2-65、 图 2.2-66 起重臂水平腹杆弯曲变形。

图 2.2-67

图 2.2-68

图 2.2-67、图 2.2-68 起重臂水平腹杆锈蚀。

图 2.2-69

图 2.2-70

图 2.2-69 斜腹杆变形、开裂。

图 2.2-70 ~ 图 2.2-72 起重臂连接处变形。

图 2.2-71

图 2.2-72

图 2.2-73

图 2.2-74

图 2.2-73 ~ 图 2.2-76 连接接头变形。

图 2.2-75

图 2.2-76

5）其他

图 2.2-77

图 2.2-78

图 2.2-77、图 2.2-78 连接螺栓松动。

2.3 平衡臂与平衡重

2.3.1 相关标准条款

1)《塔式起重机》GB/T 5031-2019

5.2.1 平衡重与压重

5.2.1.1 平衡重和压重应有与臂架组合长度相匹配的明确安装位置，且固定可靠、不移位。

5.2.1.2 平衡重和压重应在吊装、运输和使用中不破损，且重量不受气候影响。

5.2.1.3 可拆分吊装的平衡重和压重，应易于区分且装拆方便，每块平衡重和压重都应在本身明显的位置标识重量。

5.2.1.4 移动式平衡重的移动轨迹应唯一，平衡重不随臂架运动自动按函数关系移动时，应有让司机清晰识别其位置的措施或指示装置。

2)《塔式起重机安全规程》GB 5144-2006

3.4 塔机应保证在工作和非工作状态时，平衡重及压重在规定位置上不位移、不脱落，平衡重块之间不得互相撞击。当使用散粒物料作平衡重时应使用平衡重箱，平衡重箱应防水，保证重量准确、稳定。

4.4.5 离地面 2m 以上的平台及走道应设置防止操作人员跌落的手扶栏杆。手扶栏杆的高度不应低于 1m，并能承受 1000N 的水平移动集中载荷。在栏杆一半高度处应设置中间手扶横杆。

3)《起重机 安全使用 第 3 部分：塔式起重机》GB/T 23723.3-2010

6.9.2 压重 / 平衡重

当需要配备底架混凝土压重或混凝土平衡重时，应：

a) 按照制造商的设计和规定制造；

b) 其设计经塔机制造商或合格工程师认可，并被有效地固定，以防意外移位或错位。

应使用做了正确质量标记的压重块。

平衡重位于高处，在塔机作业时有相互摩擦的倾向，应采取预防措施防止其坠落。

2.3.2　相关隐患图片

1）平衡重

（1）重量标识缺失

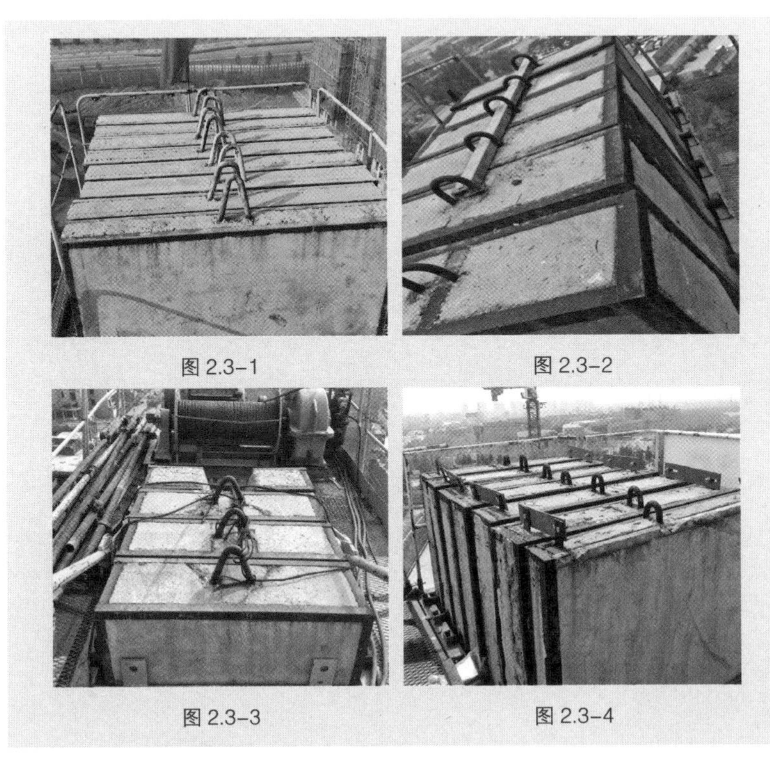

图 2.3-1　图 2.3-2　图 2.3-3　图 2.3-4

图 2.3-1 ~ 图 2.3-4 平衡重重量标识缺失。

（2）平衡重吊点失效

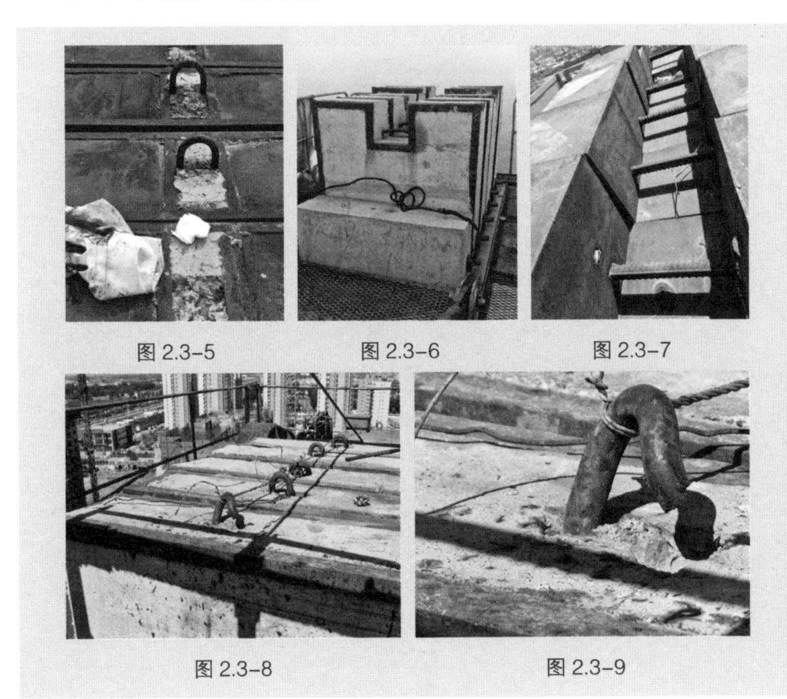

图 2.3-5　图 2.3-6　图 2.3-7　图 2.3-8　图 2.3-9

图 2.3-5 平衡重吊点损坏。

图 2.3-6 平衡重无吊点。

图 2.3-7 平衡重吊点采用螺纹钢。

图 2.3-8、图 2.3-9 平衡重吊点断裂。

（3）平衡重配置不规范

图 2.3-10

图 2.3-11

图 2.3-12

图 2.3-13

图 2.3-10 ~ 图 2.3-12 平衡重配置不规范。

（4）平衡重安装不规范

图 2.3-14

图 2.3-15

图 2.3-16

图 2.3-17

图 2.3-14 ~ 图 2.3-23 平衡重销轴安装不到位。

图 2.3-18　图 2.3-19

图 2.3-20　图 2.3-21

图 2.3-22　图 2.3-23

图 2.3-18 ~图 2.3-21 平衡重销轴轴向定位不规范。

图 2.3-22、图 2.3-23 平衡重销轴用螺栓代替。

（5）平衡重固定不规范

图 2.3-24

图 2.3-25

图 2.3-26

图 2.3-24 ~图 2.3-30 平衡重固定不规范。

图 2.3–27

图 2.3–28

图 2.3–29

图 2.3–30

（6）其他

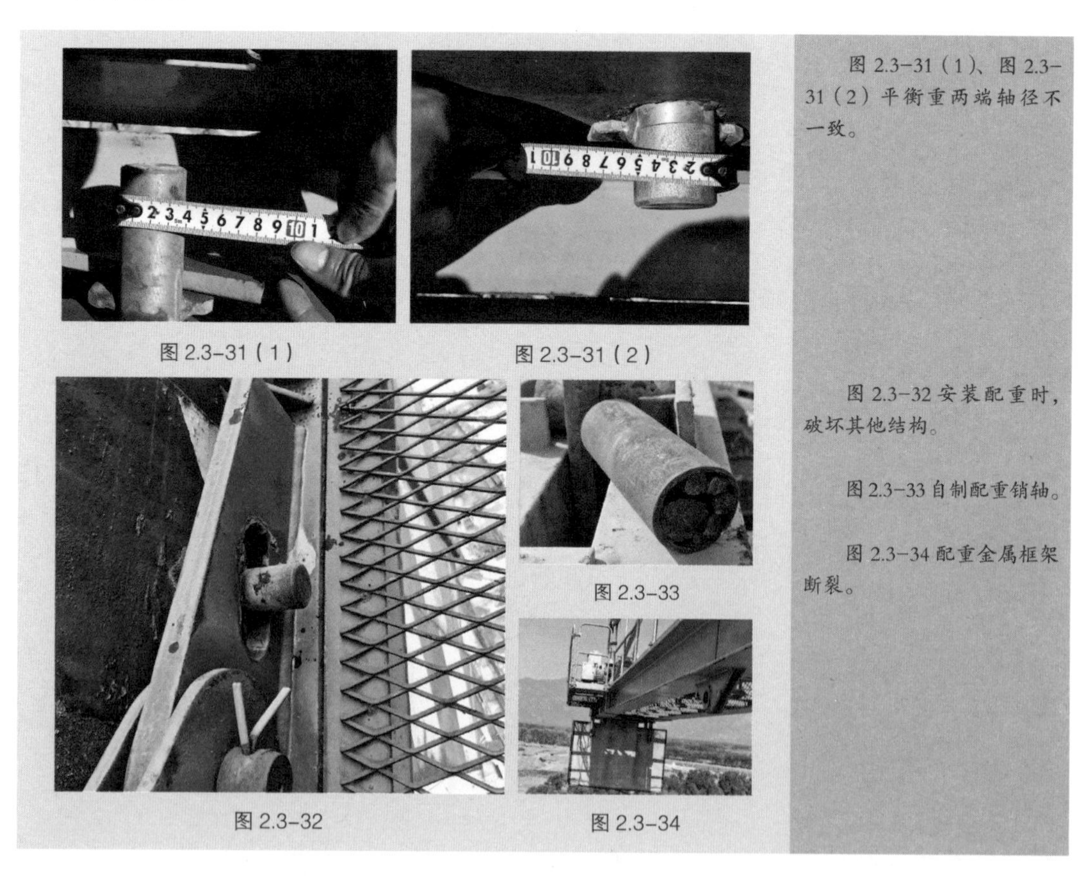

图 2.3–31（1）

图 2.3–31（2）

图 2.3–32

图 2.3–33

图 2.3–34

图 2.3–31（1）、图 2.3–31（2）平衡重两端轴径不一致。

图 2.3–32 安装配重时，破坏其他结构。

图 2.3–33 自制配重销轴。

图 2.3–34 配重金属框架断裂。

2）栏杆

（1）夹板用铁丝代替

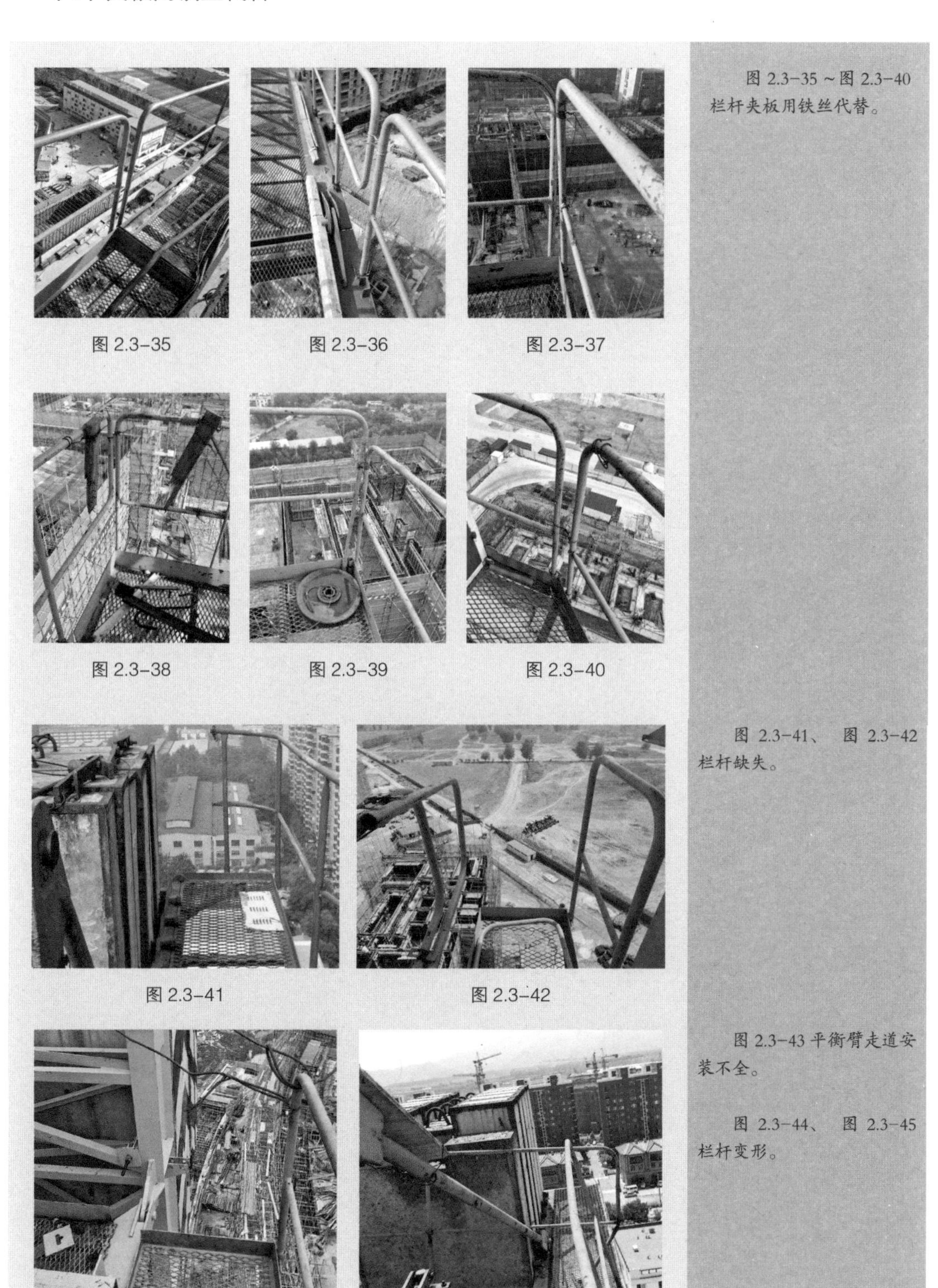

图 2.3-35　图 2.3-36　图 2.3-37

图 2.3-38　图 2.3-39　图 2.3-40

图 2.3-41　图 2.3-42

图 2.3-43　图 2.3-44

图 2.3-35～图 2.3-40 栏杆夹板用铁丝代替。

图 2.3-41、图 2.3-42 栏杆缺失。

图 2.3-43 平衡臂走道安装不全。

图 2.3-44、图 2.3-45 栏杆变形。

图 2.3-45

图 2.3-46

图 2.3-47

图 2.3-48

图 2.3-49

图 2.3-50

图 2.3-51

图 2.3-52

图 2.3-46 平衡臂走道变形。

图 2.3-47 栏杆安装不规范。

图 2.3-48 ~ 图 2.3-50 开口销缺失。

图 2.3-51 栏杆断裂。

图 2.3-52 栏杆用钢筋代替。

(2)平衡重空缺处防护不规范

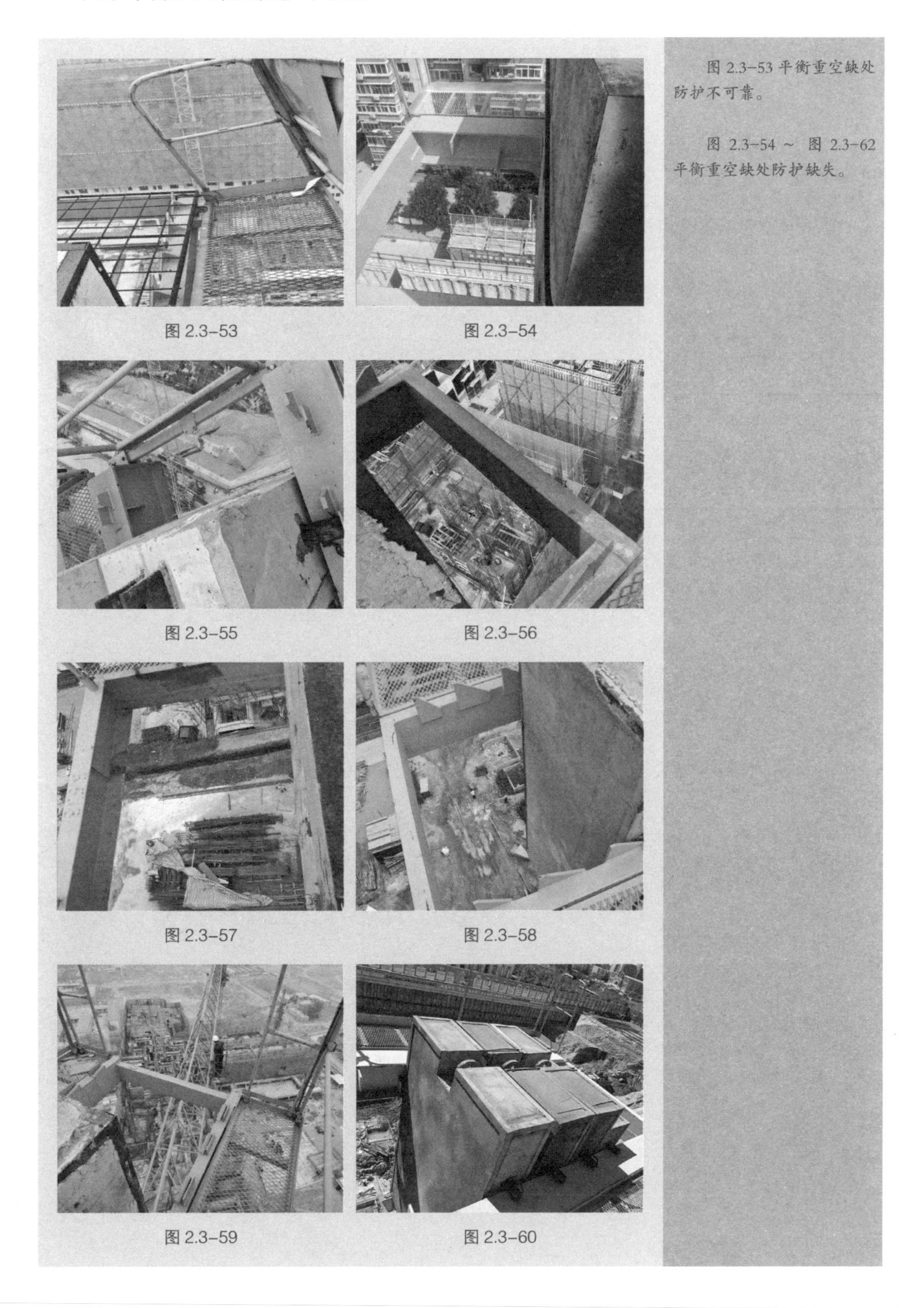

图 2.3-53

图 2.3-54

图 2.3-55

图 2.3-56

图 2.3-57

图 2.3-58

图 2.3-59

图 2.3-60

图 2.3-53 平衡重空缺处防护不可靠。

图 2.3-54 ~ 图 2.3-62 平衡重空缺处防护缺失。

图 2.3-61　图 2.3-62

图 2.3-63　图 2.3-64

图 2.3-63 配重固定框架未正确安装。

图 2.3-64 平台走道防护网破损。

3）其他

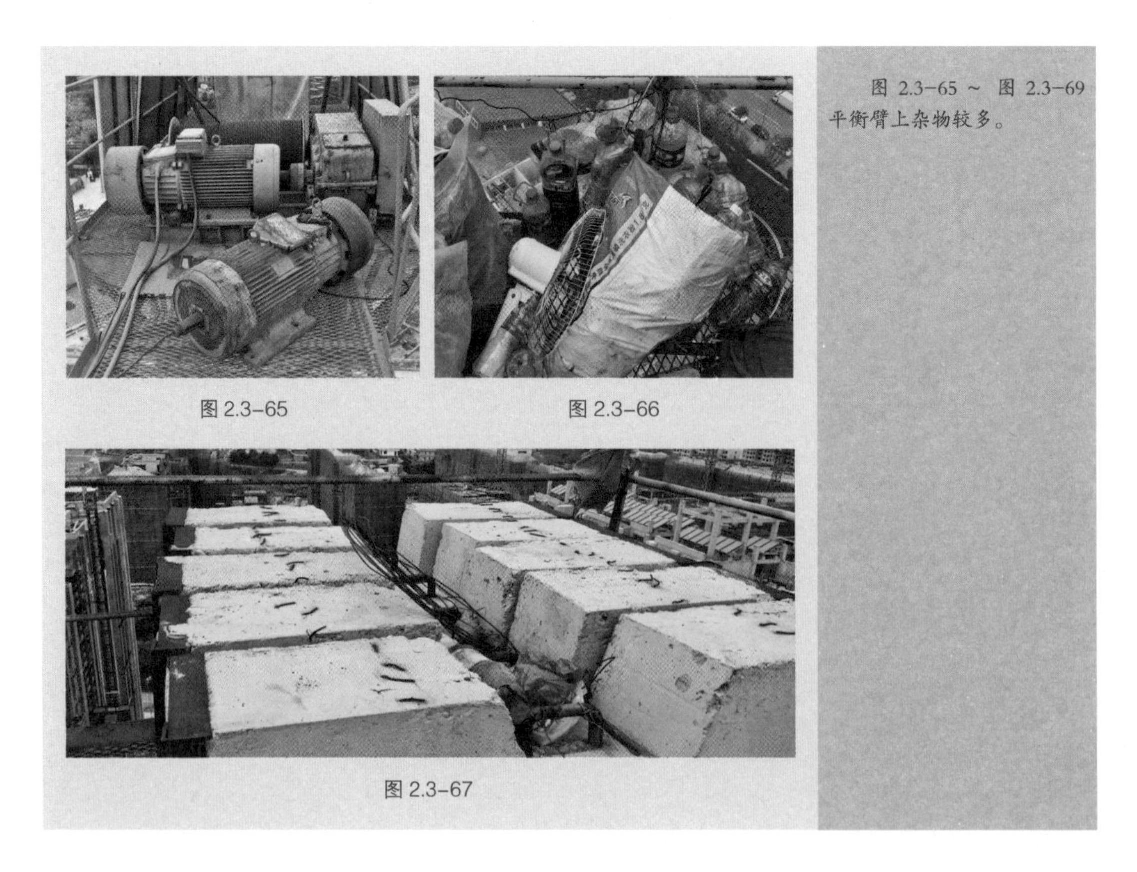

图 2.3-65　图 2.3-66

图 2.3-67

图 2.3-65 ～ 图 2.3-69 平衡臂上杂物较多。

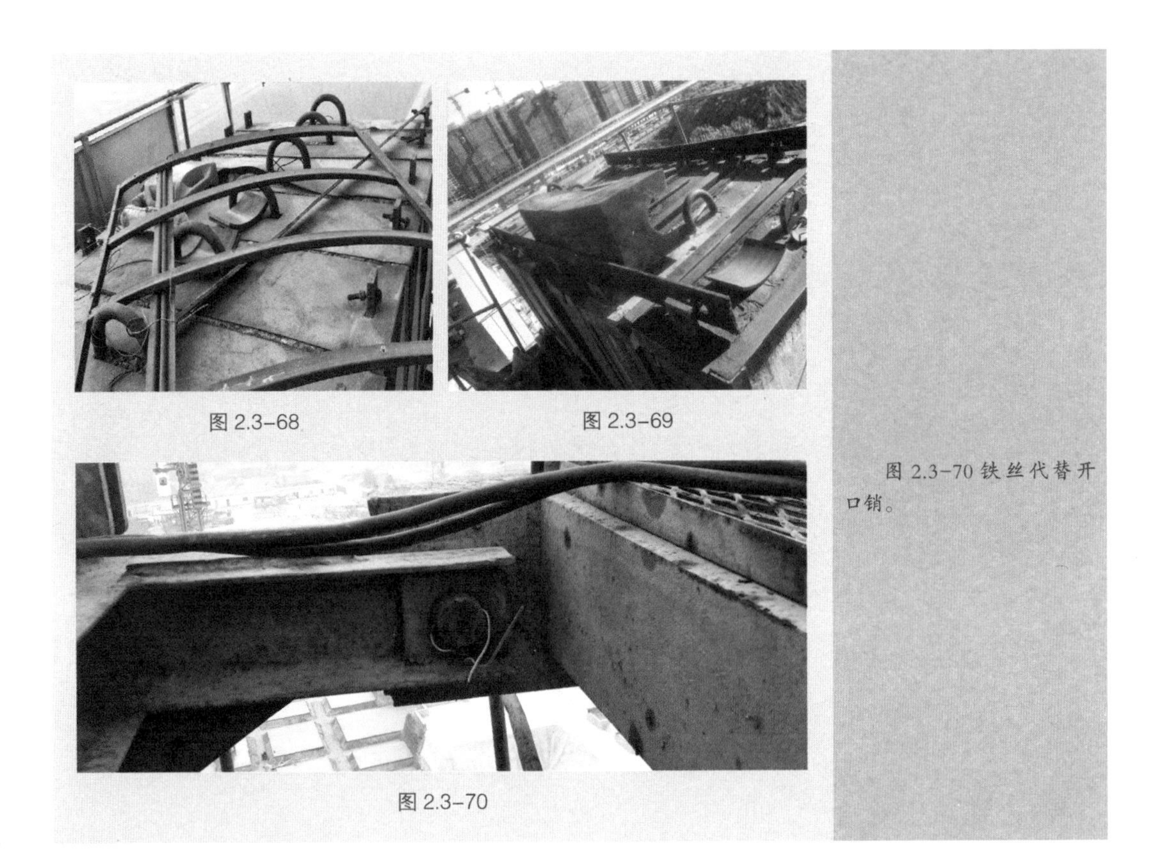

图 2.3-68

图 2.3-69

图 2.3-70

图 2.3-70 铁丝代替开口销。

2.4 塔顶

2.4.1 相关隐患图片

图 2.4-1

图 2.4-2

图 2.4-1、图 2.4-2 规范的塔顶结构型式。

1）结构变形

图 2.4-3

图 2.4-4

图 2.4-5

图 2.4-6

图 2.4-3 ~ 图 2.4-11 拉杆变形。

图 2.4-7　图 2.4-8　图 2.4-9

图 2.4-10　图 2.4-11　图 2.4-12

图 2.4-12 塔顶腹杆变形。

2）结构断裂

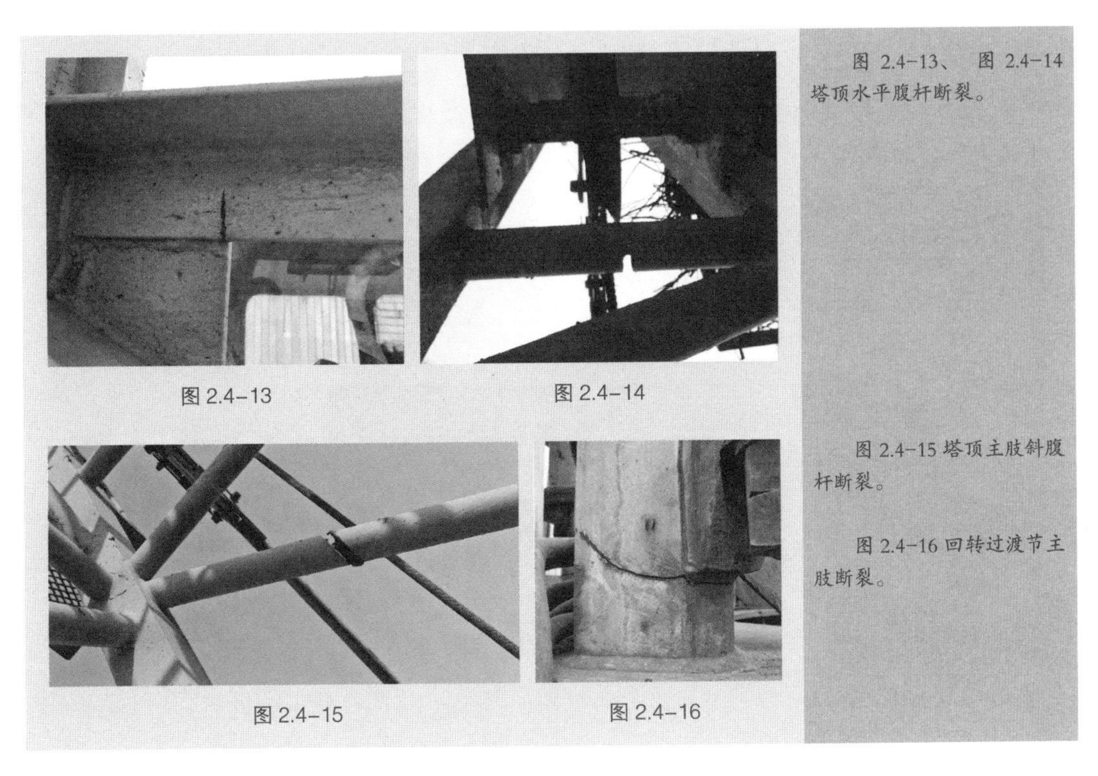

图 2.4-13　图 2.4-14

图 2.4-15　图 2.4-16

图 2.4-13、图 2.4-14 塔顶水平腹杆断裂。

图 2.4-15 塔顶主肢斜腹杆断裂。

图 2.4-16 回转过渡节主肢断裂。

3）螺栓松动

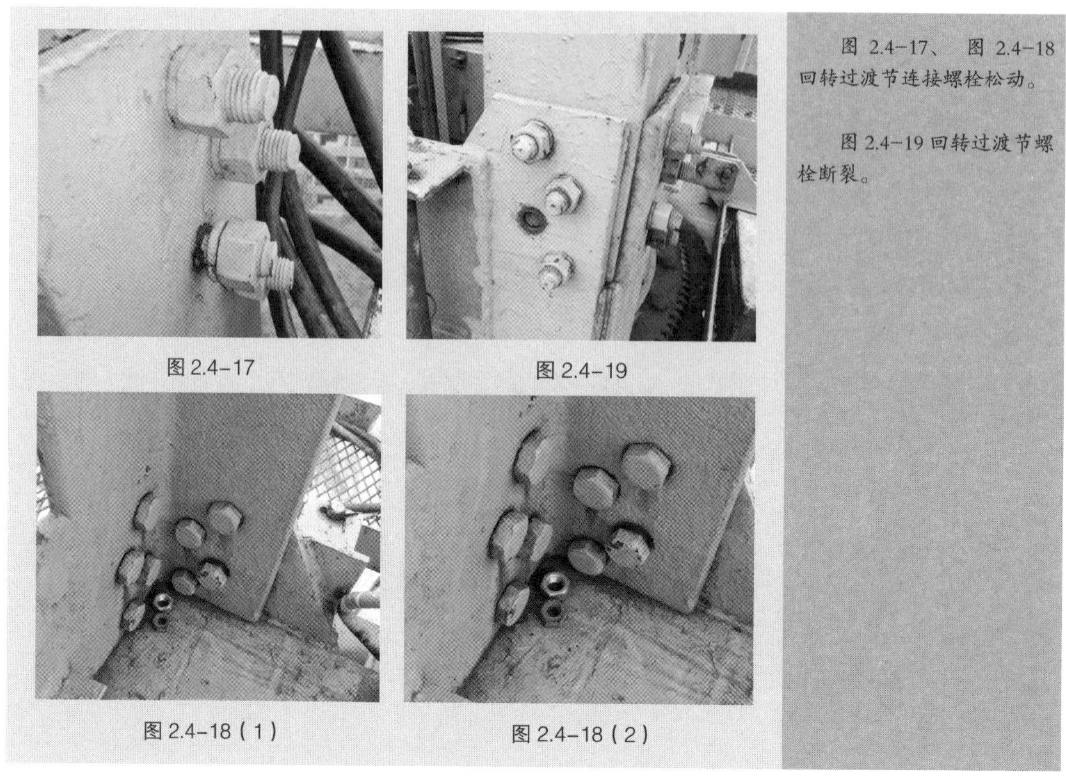

图 2.4-17

图 2.4-19

图 2.4-18（1）

图 2.4-18（2）

图 2.4-17、图 2.4-18 回转过渡节连接螺栓松动。

图 2.4-19 回转过渡节螺栓断裂。

4）连接销轴间隙大

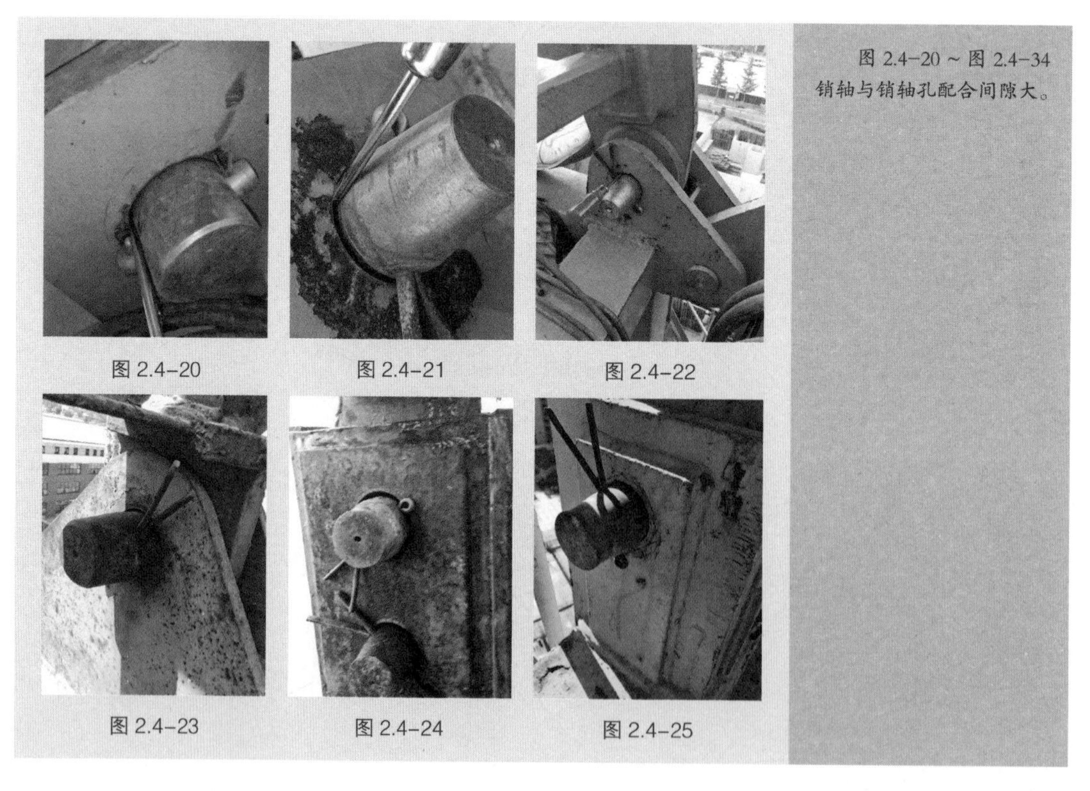

图 2.4-20

图 2.4-21

图 2.4-22

图 2.4-23

图 2.4-24

图 2.4-25

图 2.4-20 ~ 图 2.4-34 销轴与销轴孔配合间隙大。

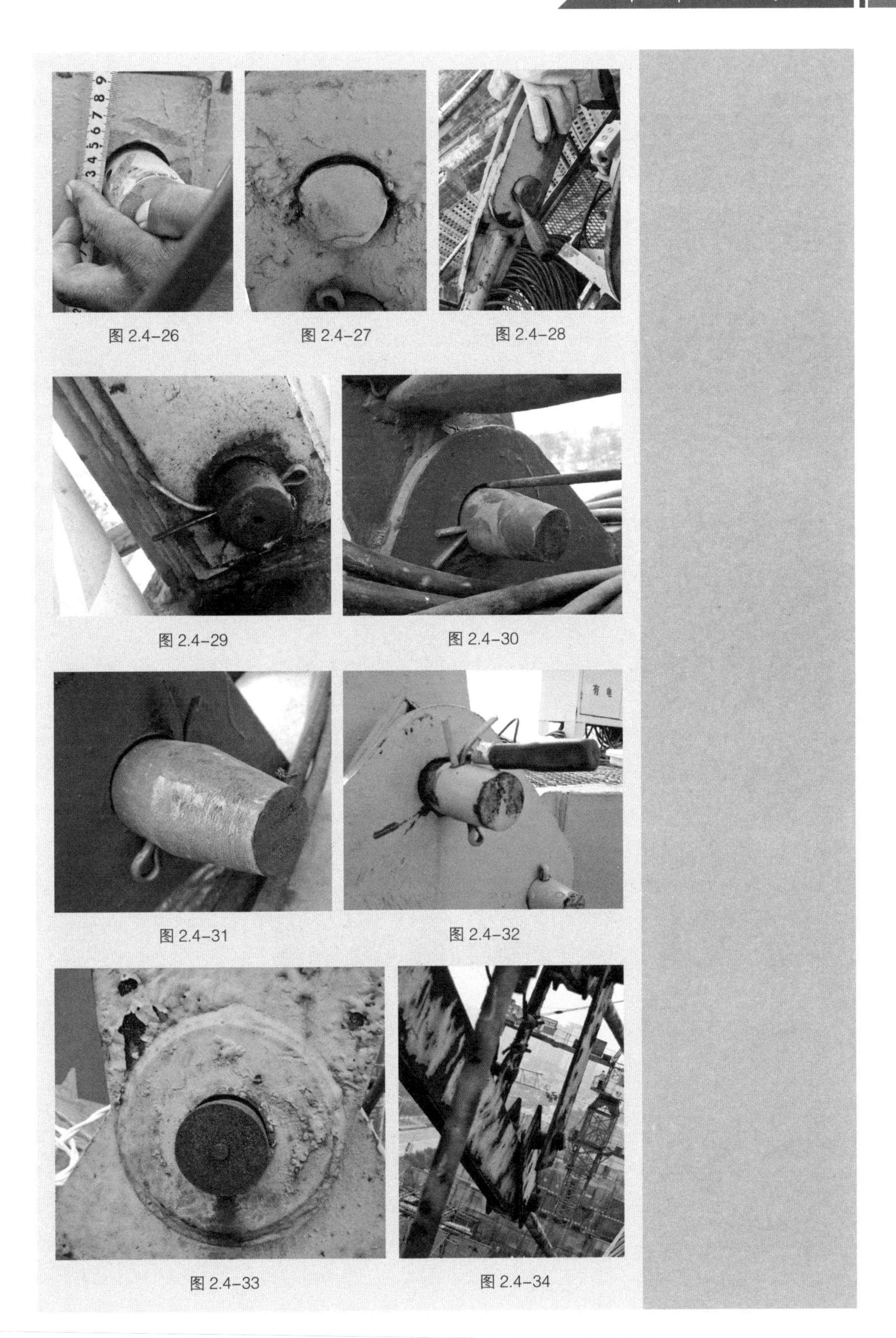

图 2.4-26　图 2.4-27　图 2.4-28

图 2.4-29　图 2.4-30

图 2.4-31　图 2.4-32

图 2.4-33　图 2.4-34

5）轴端挡板失效

图 2.4–35

图 2.4–36

图 2.4–35、图 2.4–36 轴端挡板失效。

6）立销安装不规范

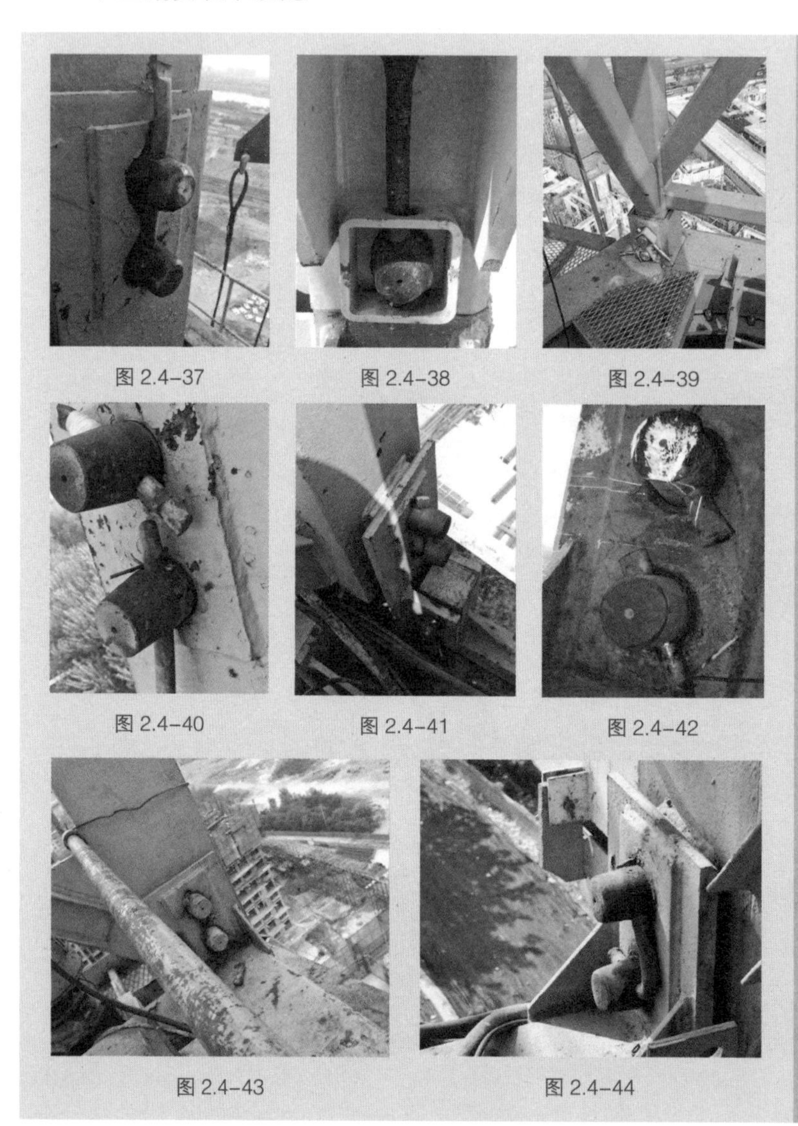

图 2.4–37 图 2.4–38 图 2.4–39

图 2.4–40 图 2.4–41 图 2.4–42

图 2.4–43 图 2.4–44

图 2.4–37 ~ 图 2.4–48 立销安装不规范。

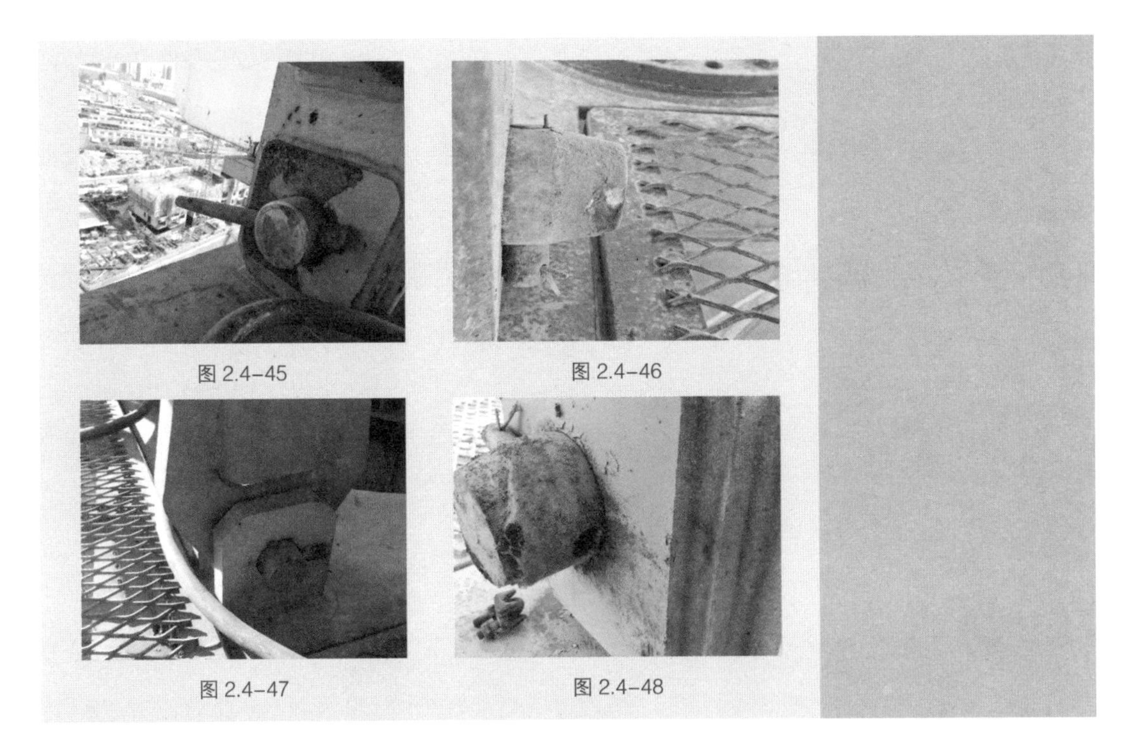
图 2.4-45　图 2.4-46　图 2.4-47　图 2.4-48

7）开口销安装不规范

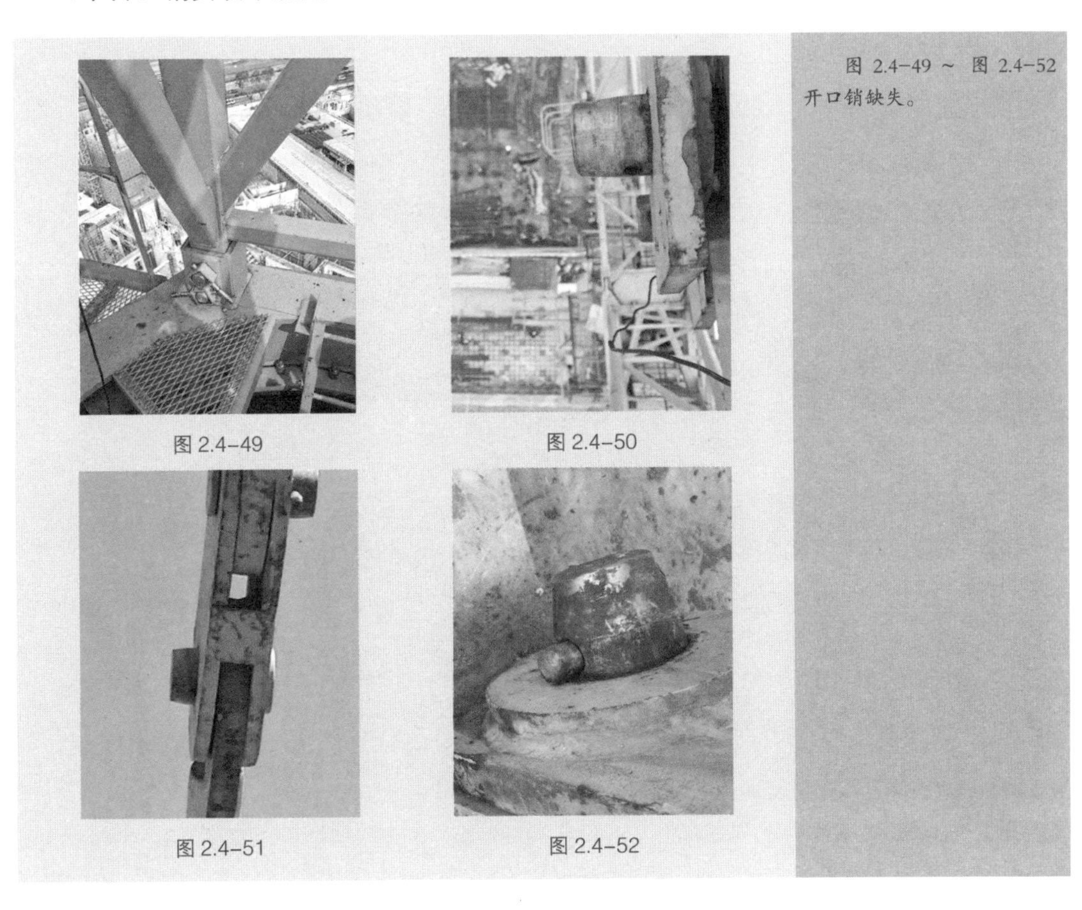
图 2.4-49　图 2.4-50　图 2.4-51　图 2.4-52

图 2.4-49 ~ 图 2.4-52 开口销缺失。

图 2.4-53

图 2.4-54

图 2.4-55

图 2.4-56

图 2.4-57

图 2.4-58

图 2.4-59

图 2.4-60

图 2.4-61

图 2.4-53 ~ 图 2.4-59 开口销用铁丝代替。

图 2.4-60 开口销用螺栓代替。

图 2.4-61 开口销用钢筋代替。

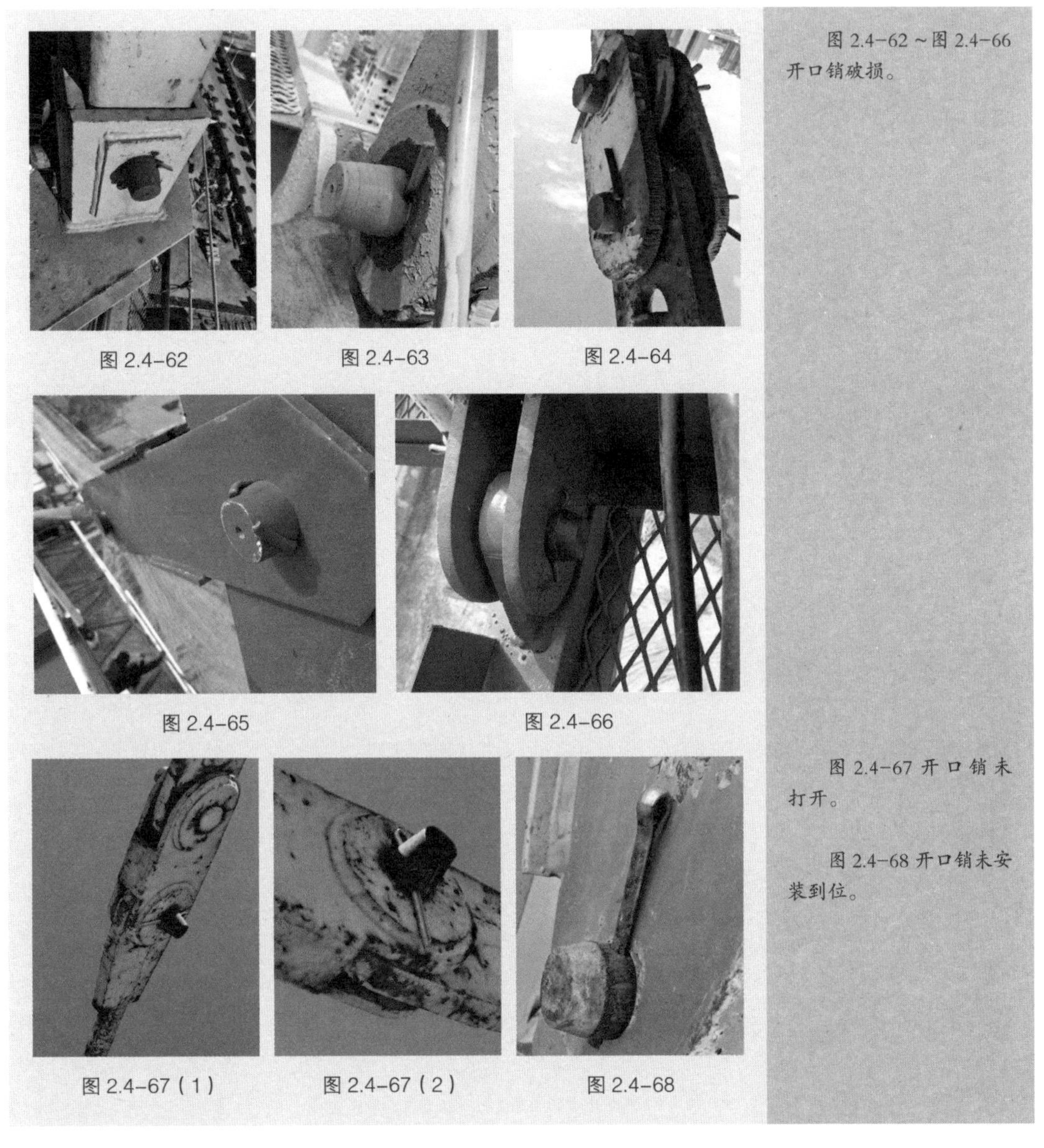

图 2.4-62　图 2.4-63　图 2.4-64

图 2.4-65　图 2.4-66

图 2.4-67（1）　图 2.4-67（2）　图 2.4-68

图 2.4-62～图 2.4-66 开口销破损。

图 2.4-67 开口销未打开。

图 2.4-68 开口销未安装到位。

8）焊缝缺陷

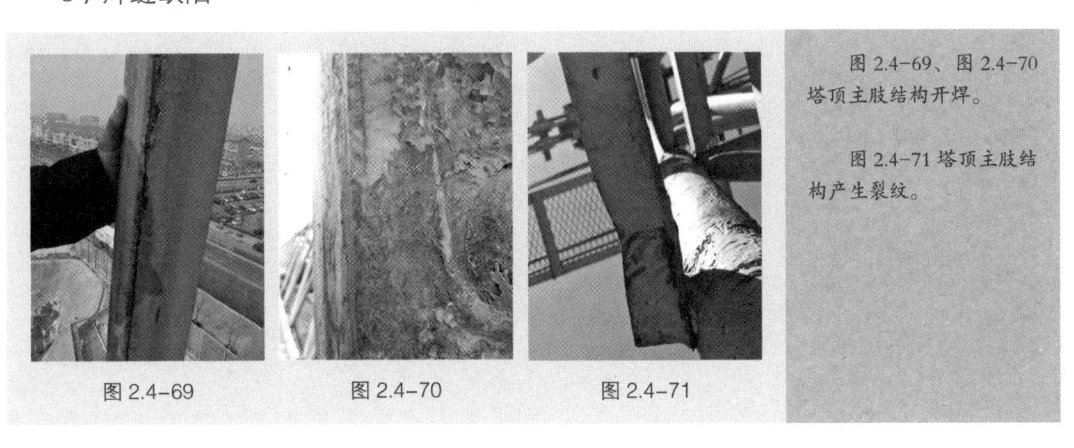

图 2.4-69　图 2.4-70　图 2.4-71

图 2.4-69、图 2.4-70 塔顶主肢结构开焊。

图 2.4-71 塔顶主肢结构产生裂纹。

图 2.4-72

图 2.4-73

图 2.4-74

图 2.4-75

图 2.4-76

图 2.4-77

图 2.4-72、图 2.4-73 回转过渡节主肢开焊。

图 2.4-74 ~ 图 2.4-76 回转上支承与过渡节连接筋板开焊。

图 2.4-77 回转过渡节斜腹杆焊缝缺陷。

9）其他

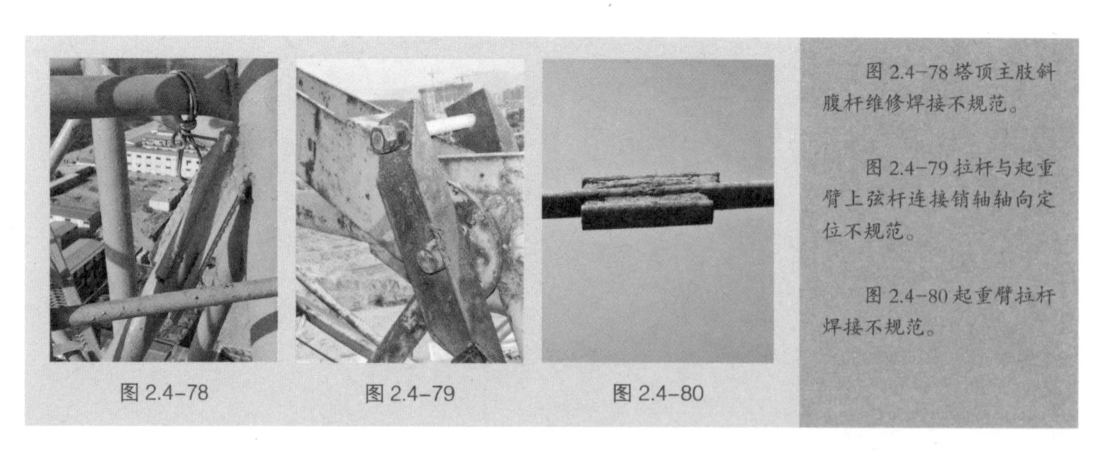

图 2.4-78

图 2.4-79

图 2.4-80

图 2.4-78 塔顶主肢斜腹杆维修焊接不规范。

图 2.4-79 拉杆与起重臂上弦杆连接销轴轴向定位不规范。

图 2.4-80 起重臂拉杆焊接不规范。

2.5 司机室

2.5.1 相关标准条款

1)《塔式起重机》GB/T 5031-2019

5.5.6.4 控制装置上应设有电源开合状态信号指示、超起重力矩和超起重量的报警或信号指示。

5.5.7.1 司机室用取暖、降温设备应采用单独电源供电。选用冷暖风机时应选用防护式，并固定安装、外壳接地。

2)《塔式起重机安全规程》GB 5144-2006

3.5 在塔机司机室内易于观察的位置应设有常用操作数据的标牌或显示屏。标牌或显示屏的内容应包括幅度载荷表、主要性能参数、各起升速度挡位的起重量等。标牌或显示屏应牢固、可靠、字迹清晰、醒目。

4.6.1 司机室不能悬挂在起重臂上。在正常工作情况下，塔机的活动部件不应撞击司机室。

如司机室安装在回转塔身结构内，则应保证司机的视野开阔。

4.6.2 司机室门、窗玻璃应使用钢化玻璃或夹层玻璃。司机室正面玻璃应设有雨刷器。

4.6.4 司机室内应配备符合消防要求的灭火器。

4.6.6 司机室应通风、保暖和防雨；内壁应采用防火材料；地板应铺设绝缘层。

4.6.7 司机室的落地窗应设有防护栏杆。

7.4 手柄或操纵杆的操作应轻便灵活，操作力不应大于100N，操作行程不应大于400mm。

7.5 在所有的手柄、手轮、按钮及踏板的附近处，应有表示用途和操作方向的标志。标志应牢固、可靠，字迹清晰、醒目。

8.2.4 采用联动控制台操纵时，联动控制台应具有零位自锁和自动复位功能。

3)《起重机械安全规程 第1部分：总则》GB 6067.1-2010

3.5.3 当存在坠落物砸碰司机室的危险时，司机室顶部应装设有效的防护。

3.5.8 司机室地板应用防滑的非金属隔热材料覆盖。

3.5.10 重要的操作指示器应有醒目的显示，并安装在司机方便观察的位置。指示器和报警灯及急停开关按钮应有清晰永久的易识别标志。指示器应有合适的量程并应便于读数。报警灯应具有适宜的颜色，危险显示应用红灯。

4)《起重机 司机室和控制站 第3部分：塔式起重机》GB/T 20303.3-2016

5.1.2 司机室不应悬挂在臂架上。司机室可附着在塔身上或置于塔身内部，如果臂架意外掉落时，司机室不会被压坏。

当司机室置于塔身内部，窗户部分可突出于塔身结构外。

5.1.4 司机室应满足以下要求：

a) 顶部的任意位置应能承受分布于0.3m×0.3m面积上质量为100kg的载荷；

b）在下雨、酷热或严寒的条件下，为司机提供保护。

5.1.7 在塔式起重机上，司机室前窗应有风挡玻璃刮水器和 / 或清洗器。

5）《起重机安全使用第 3 部分：塔式起重机》GB/T 23723.3-2010

3.2 额定起重量信息

每台塔机应配备标有清晰文字和图形的永久性的额定起重量图表，并将其固定于塔机司机能在操作位置和遥控站时的可见处。图表的内容应包括但不限于：

a）在确定的工作半径、臂架长度、起升绳倍率下，必要时，还应考虑对每种可用的起升绳速度范围及推荐的平衡重配置下的起重机全部额定载荷；

b）与设备上的限制器及工作程序有关的预防措施或警告提示；

c）最大允许工作风速；

d）建议将吊具及其附属装置作为载荷的组成部分。如果下滑轮组被视为载荷的一部分，则应在额定起重量图表中说明。

另外，应使塔机司机能从操作位置易于识别所显示的额定起重量及相应的幅度。如果在工作中臂架的长度和角度是变化的，则还应显示角度。

4 塔机司机操作的信息

4.1 控制装置和指示装置

所有控制装置应标有文字或图形符号以表示其功能，应指示动作方向。这些信息应易于识别并固定在清晰可见的位置。

2.5.2 相关隐患图片

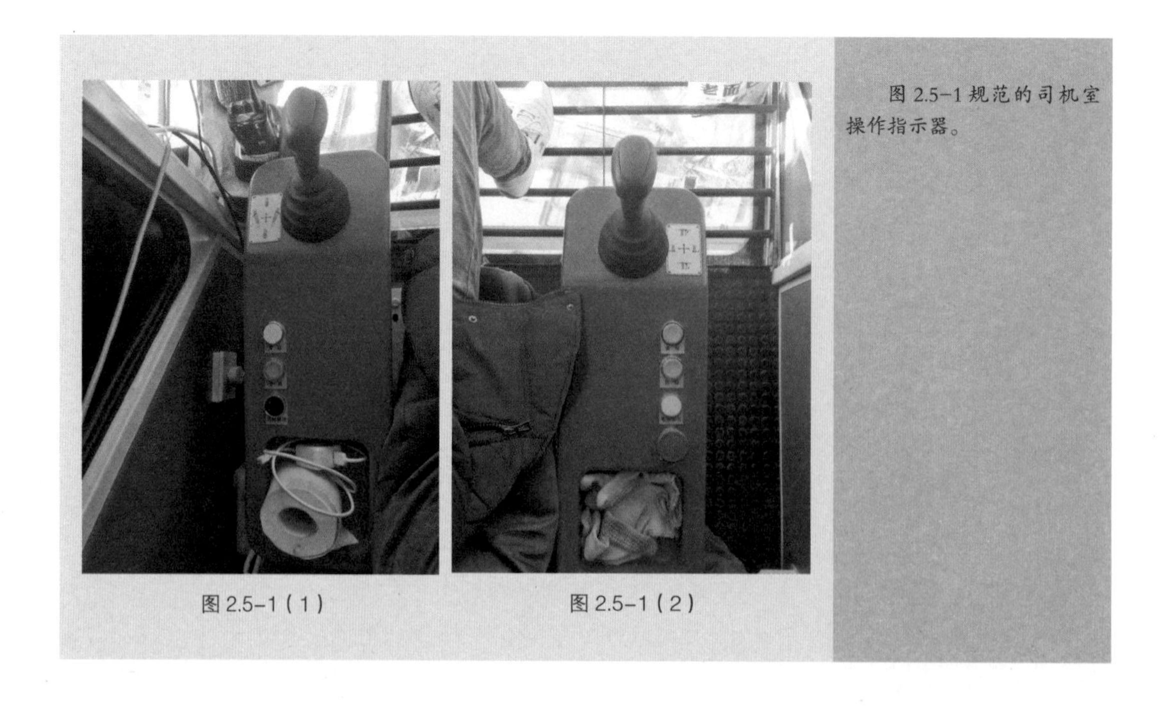

图 2.5-1（1）

图 2.5-1（2）

图 2.5-1 规范的司机室操作指示器。

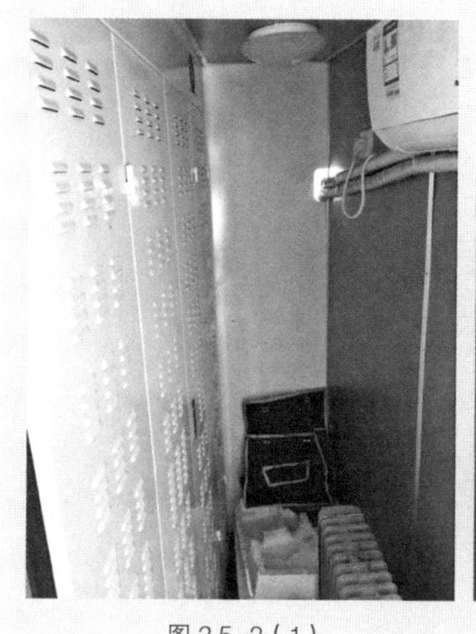
图 2.5-2（1）

图 2.5-2（2）

图 2.5-2 规范的司机室标牌。

1）视野不开阔

《塔式起重机安全规程》GB 5144-2006

4.6.1 如司机室安装在回转塔身结构内，则应保证司机的视野开阔。

图 2.5-3

图 2.5-4

图 2.5-5

图 2.5-6

图 2.5-3 ~ 图 2.5-11 司机室视野不开阔。

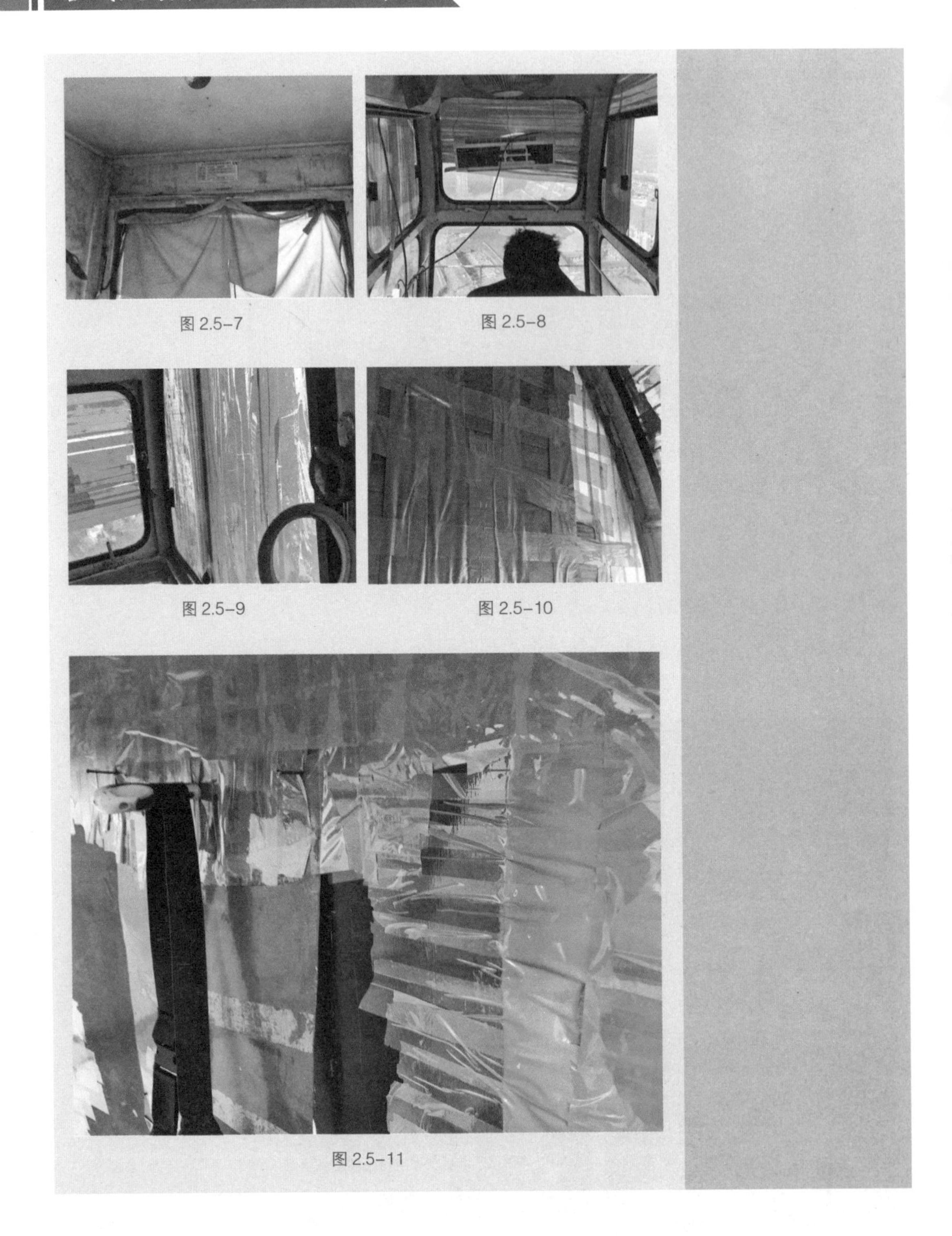

图 2.5-7

图 2.5-8

图 2.5-9

图 2.5-10

图 2.5-11

2）地板绝缘层损坏

《塔式起重机安全规程》GB 5144-2006

4.6.6 司机室应通风、保暖和防雨；内壁应采用防火材料；地板应铺设绝缘层。

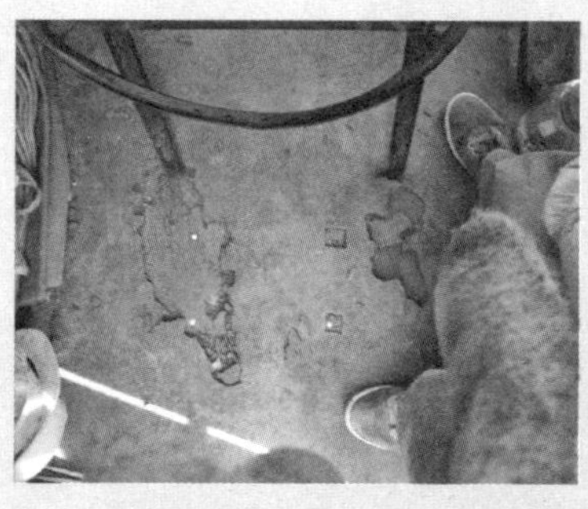
图 2.5-12

图 2.5-13

图 2.5-14

图 2.5-15

图 2.5-16

图 2.5-17

图 2.5-12 ~ 图 2.5-17 司机室地板绝缘层损坏。

3）操纵手柄零位自锁和自动复位功能失效

《塔式起重机安全规程》GB 5144–2006

8.2.4 采用联动控制台操纵时，联动控制台应具有零位自锁和自动复位功能。

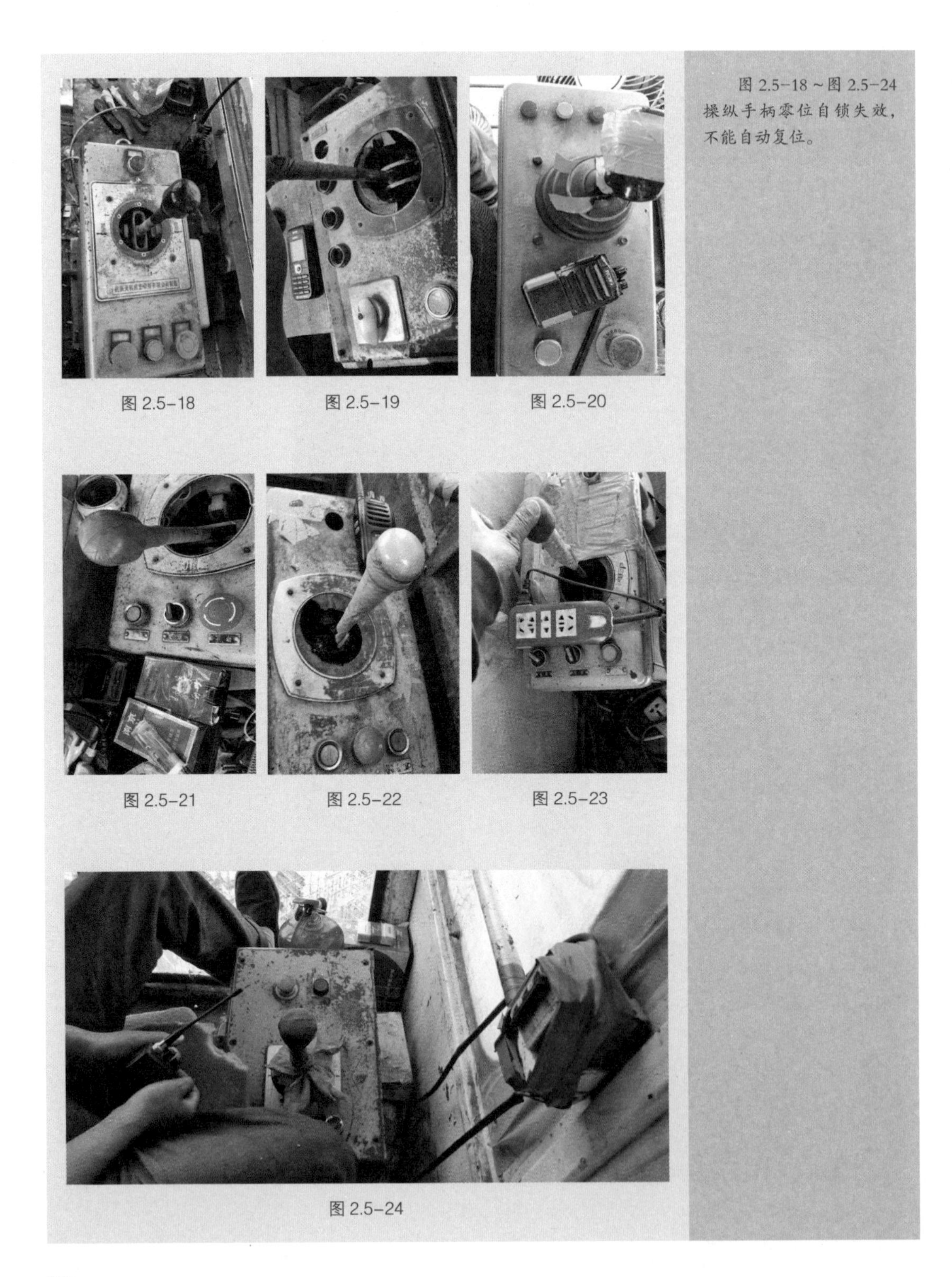

图 2.5–18　图 2.5–19　图 2.5–20

图 2.5–21　图 2.5–22　图 2.5–23

图 2.5–24

图 2.5–18 ~ 图 2.5–24 操纵手柄零位自锁失效，不能自动复位。

4）操作台指示标志缺失

《塔式起重机安全规程》GB 5144-2006

7.5 在所有的手柄、手轮、按钮及踏板的附近处，应有表示用途和操作方向的标志。标志应牢固、可靠，字迹清晰、醒目。

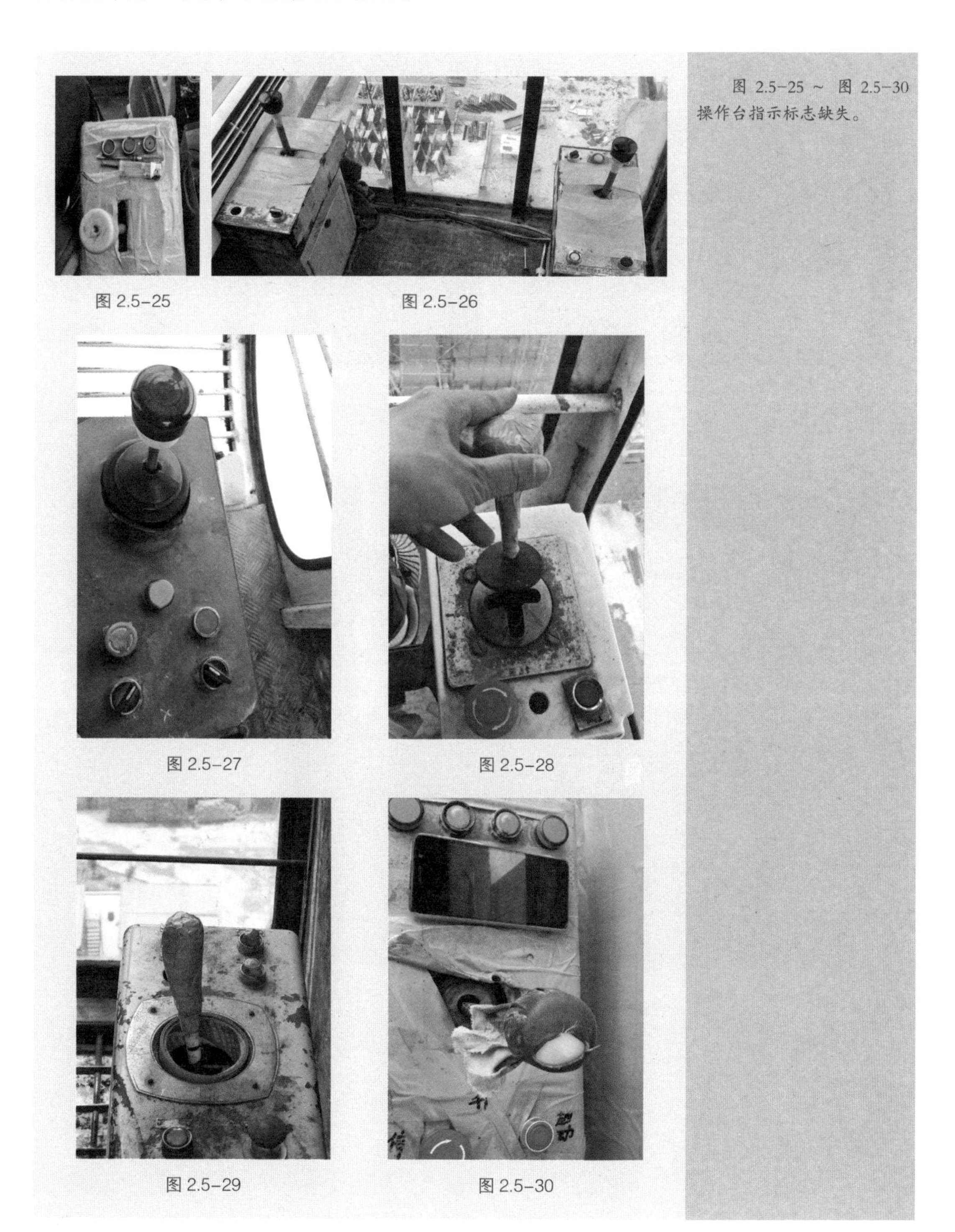

图 2.5-25

图 2.5-26

图 2.5-27

图 2.5-28

图 2.5-29

图 2.5-30

图 2.5-25 ～ 图 2.5-30 操作台指示标志缺失。

5）灭火器

《塔式起重机安全规程》GB 5144-2006

4.6.4 司机室内应配备符合消防要求的灭火器。

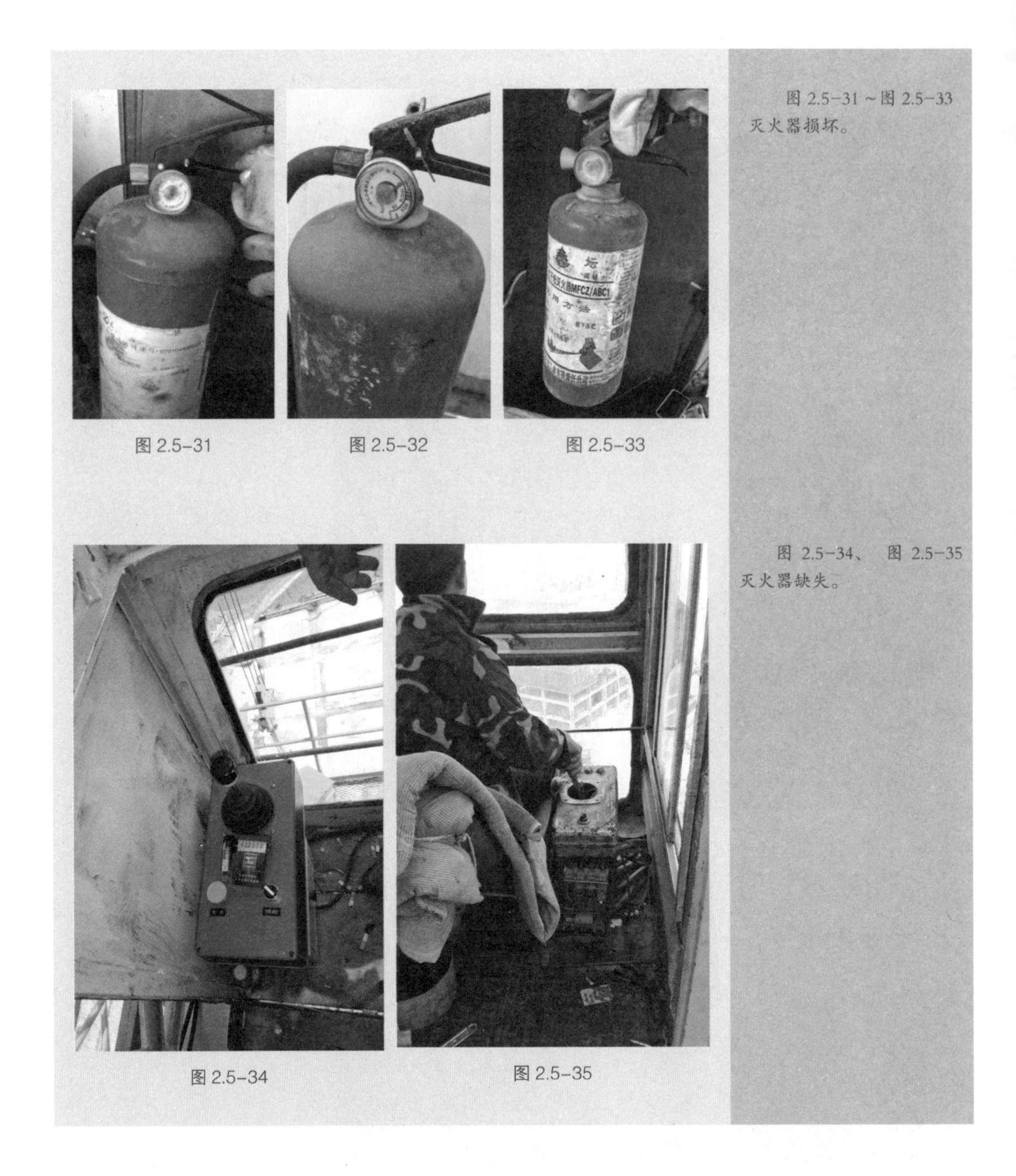

图 2.5-31　图 2.5-32　图 2.5-33

图 2.5-31～图 2.5-33 灭火器损坏。

图 2.5-34　图 2.5-35

图 2.5-34、图 2.5-35 灭火器缺失。

6）标牌

《塔式起重机安全规程》GB 5144-2006

3.5 在塔机司机室内易于观察的位置应设有常用操作数据的标牌或显示屏。标牌或显示屏的内容应包括幅度载荷表、主要性能参数、各起升速度挡位的起重量等。标牌或显示屏应牢固、可靠、字迹清晰、醒目。

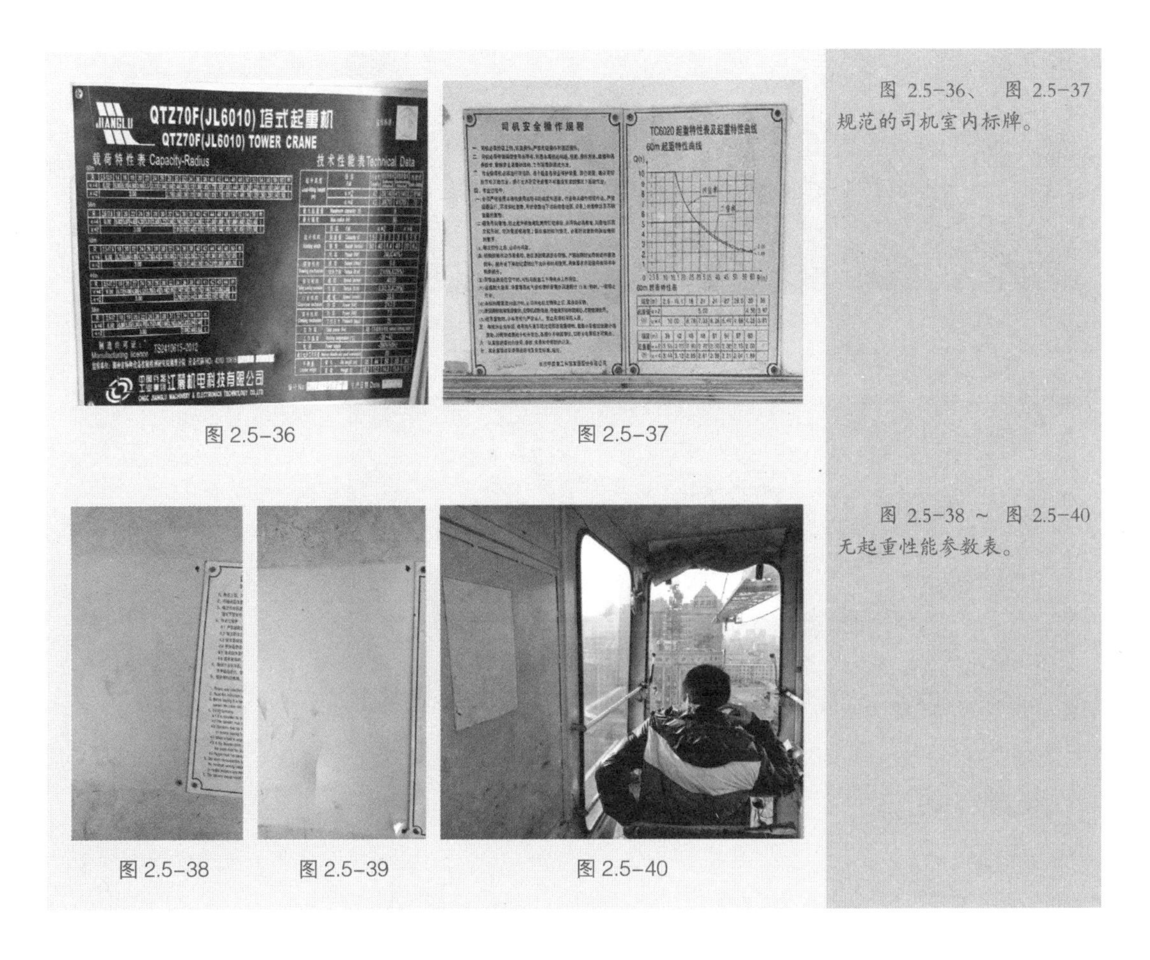

图 2.5-36

图 2.5-37

图 2.5-36、图 2.5-37 规范的司机室内标牌。

图 2.5-38

图 2.5-39

图 2.5-40

图 2.5-38 ~ 图 2.5-40 无起重性能参数表。

7）其他

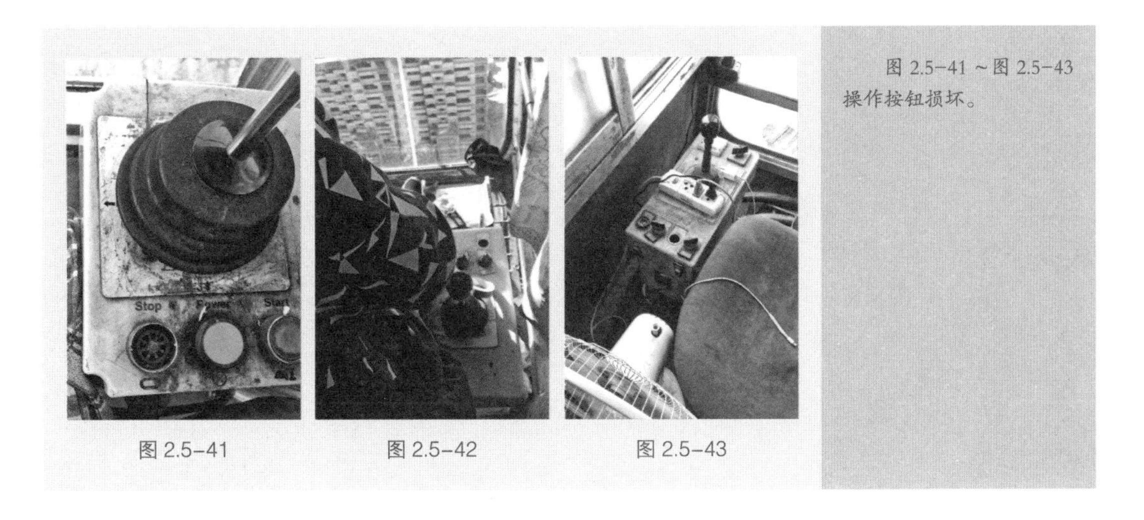

图 2.5-41

图 2.5-42

图 2.5-43

图 2.5-41 ~ 图 2.5-43 操作按钮损坏。

图 2.5-44

图 2.5-45

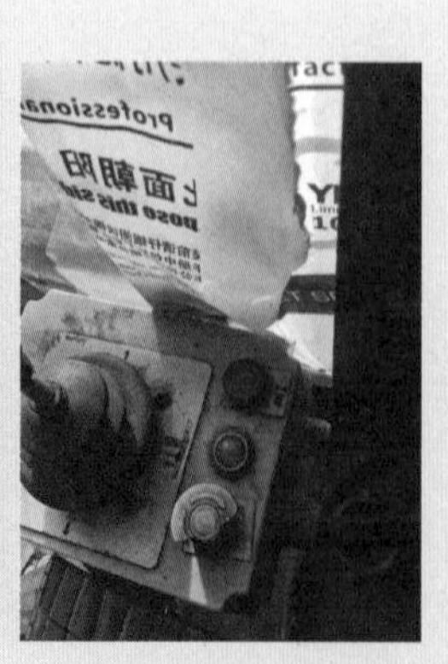

图 2.5-46

图 2.5-44～图 2.5-46 紧急停止按钮损坏。

图 2.5-47

图 2.5-47 司机室外侧平台间隙大。

2.6　基础

2.6.1　相关标准条款

1)《建筑施工塔式起重机安装、使用、拆卸安全技术规程》JGJ 196-2010

3.1.2 塔式起重机的基础及其地基承载力应符合使用说明书和设计图纸的要求。安装前应对基础进行验收，合格后方可安装。基础周围应有排水设施。

3.2.6 基础中的地脚螺栓等预埋件应符合使用说明书的要求。

2)《建筑施工升降设备设施检验标准》JGJ 305-2013

8.2.2 基础应符合下列规定：

基础应符合使用说明书的要求；

基础应有排水设施，不得积水。

2.6.2　相关隐患图片

1) 积水

图 2.6-1　图 2.6-2　图 2.6-3　图 2.6-4

图 2.6-1 ~ 图 2.6-12 基础周围有积水。

图 2.6–5

图 2.6–6

图 2.6–7

图 2.6–8

图 2.6–9

图 2.6–10

图 2.6–11

图 2.6–12

2）基础围挡

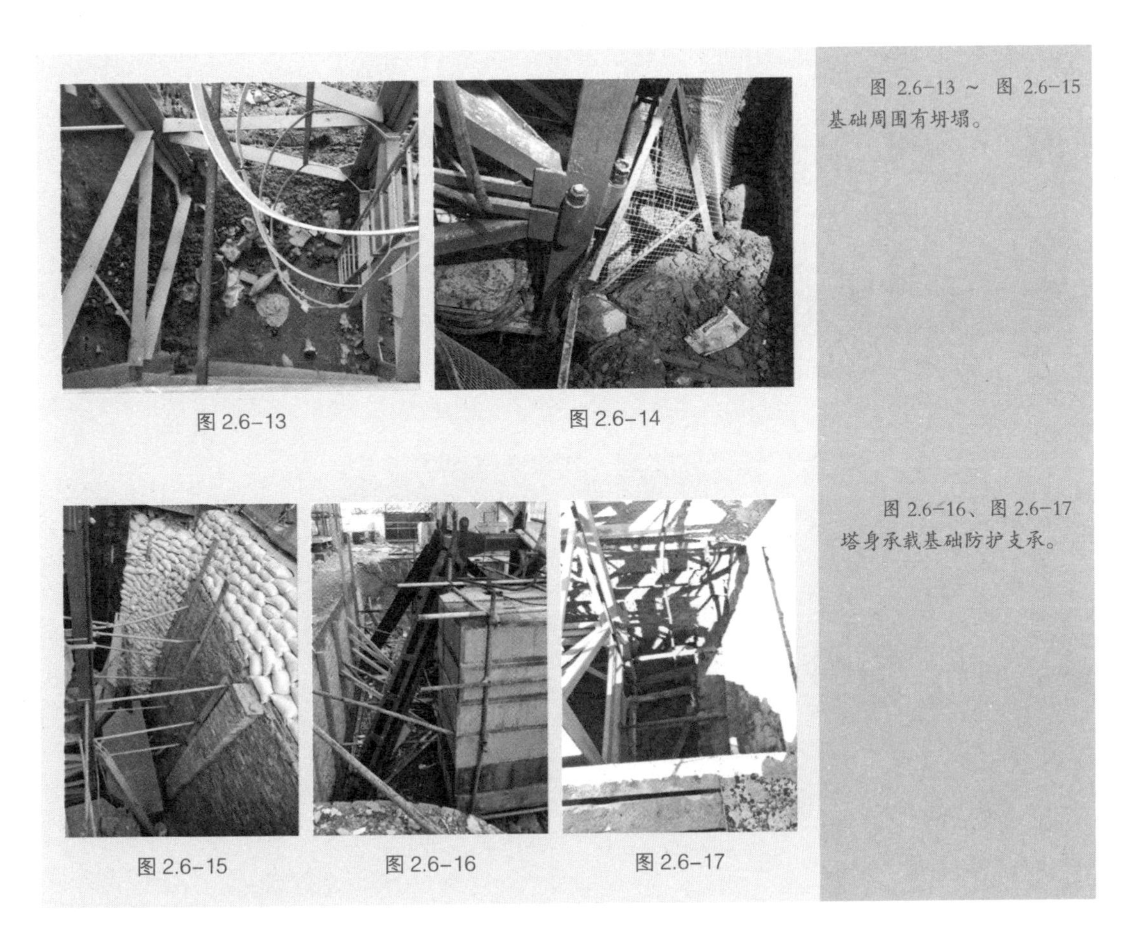

图 2.6-13

图 2.6-14

图 2.6-15

图 2.6-16

图 2.6-17

图 2.6-13 ～ 图 2.6-15 基础周围有坍塌。

图 2.6-16、图 2.6-17 塔身承载基础防护支承。

3）预埋件不规范

图 2.6-18

图 2.6-19

图 2.6-18 ～ 图 2.6-20 标准节做预埋节。

图 2.6–20

图 2.6–21

图 2.6–21 预埋节和标准节不匹配。

图 2.6–22

图 2.6–23

图 2.6–22 开口销缺失。

图 2.6–23、图 2.6–24 地脚螺栓松动。

图 2.6–24

图 2.6–25

图 2.6–25 ~ 图 2.6–27 垫片不规范。

图 2.6-26　图 2.6-27（1）　图 2.6-27（2）

图 2.6-28　图 2.6-29

图 2.6-28 压重未有效固定。

图 2.6-29 基础杂物。

4）其他

图 2.6-30

图 2.6-30 基础封闭。

2.7 附着

2.7.1 相关标准条款

1)《塔式起重机》GB/T 5031-2019

5.2.4(i)空载、风速不大于3m/s状态下，独立状态塔身(或附着状态下最高附着点以上塔身)轴心线的侧向垂直度误差不大于0.4%，最高附着点以下塔身轴心线的垂直度误差不大于0.2%。

10.2.2.1 需要附着使用时，附着结构型式应遵照制造商的要求或主管工程师确认的计算结果设计选用，并应校核附着机构和附着物的承载能力。

2)《建筑施工升降设备设施检验标准》JGJ 305-2013

8.2.3.6 塔机起重机安装后，在空载、风速不大于3m/s的状态下，独立状态塔身(或附着状态下最高附着点以上塔身)轴心线的侧向垂直度允许偏差不应大于4/1000。最高附着点以下塔身轴心线的垂直度允许偏差不应大于2/1000。

3)《建筑施工塔式起重机安装、使用、拆卸安全技术规程》JGJ 196-2010

2.0.16 塔式起重机在安装前和使用过程中，发现有下列情况之一的，不得安装和使用：

1 结构件上有可见裂纹和严重锈蚀的；

2 主要受力构件存在塑性变形的；

3 连接件存在严重磨损和塑性变形的；

4 钢丝绳达到报废标准的；

5 安全装置不齐全或失效的。

3.3.1 当塔式起重机做附着使用时，附着装置的设置和自由端高度等应符合使用说明书的规定。

3.3.2 当附着水平距离、附着间距等不满足使用说明书要求时，应进行设计计算、绘制制作图和编写相关说明。

3.3.3 附着装置的构件和预埋件应由原制造厂家或由具有相应能力的企业制作。

3.3.4 附着装置设计时，应对支承处的建筑主体结构进行验算。

2.7.2 相关隐患图片

1）附着销轴孔间隙不规范

图 2.7-1

图 2.7-2

图 2.7-3

图 2.7-4

图 2.7-5

图 2.7-6

图 2.7-7

图 2.7-1 ~ 图 2.7-16 销轴孔变形。

图 2.7-8

图 2.7-9

图 2.7-10

图 2.7-11

图 2.7-12

图 2.7-13

图 2.7-14

图 2.7-15

图 2.7-16

2）开口销缺失

图 2.7-17 ～ 图 2.7-22 开口销缺失。

图 2.7-17

图 2.7-18

图 2.7-19

图 2.7-20

图 2.7-21

图 2.7-22

3）开口销不规范

图 2.7-23

图 2.7-24

图 2.7-25

图 2.7-26

图 2.7-27

图 2.7-28（1）

图 2.7-28（2）

图 2.7-29

图 2.7-23 ~ 图 2.7-35 开口销不规范、自行改造。

图 2.7-30

图 2.7-31

图 2.7-32

图 2.7-33

图 2.7-34

图 2.7-35

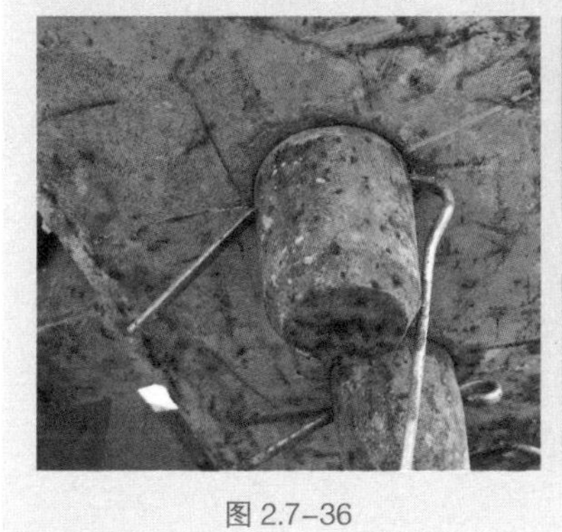

图 2.7-36

图 2.7-37

图 2.7-36 ～ 图 2.7-38 开口销安装不规范。

图 2.7-38

图 2.7-39

图 2.7-40

图 2.7-41

图 2.7-42

图 2.7-43

图 2.7-44

图 2.7-45

图 2.7-46

图 2.7-47

图 2.7-39 ~ 图 2.7-44 开口销用铁丝代替。

图 2.7-45 开口销用铁丝代替、开口销缺失。

图 2.7-46 销轴孔大、开口销未打开。

图 2.7-47 开口销未打开。

(4)连接螺栓不规范

图 2.7-48

图 2.7-49

图 2.7-50

图 2.7-51

图 2.7-52

图 2.7-53

图 2.7-54

图 2.7-55

图 2.7-56

图 2.7-48 ~ 图 2.7-52 附着拉杆连接螺栓缺失。

图 2.7-53 螺栓折断。

图 2.7-54、图 2.7-55 螺栓松动。

图 2.7-56 钢筋代替螺栓。

图 2.7-57

图 2.7-58

图 2.7-57 ~ 图 2.7-59 附着环梁连接螺栓缺失。

图 2.7-59

图 2.7-60

图 2.7-61

图 2.7-60 附着拉杆连接螺母缺失。

图 2.7-61 ~ 图 2.7-64 附着拉杆连接螺栓缺失。

图 2.7-62

图 2.7-63

图 2.7-64

图 2.7-65

图 2.7-66

图 2.7-65 ~ 图 2.7-67 附着支座连接螺栓不规范。

图 2.7-67

图 2.7-68

图 2.7-68 ~ 图 2.7-70 附着支座螺栓松动。

图 2.7-69

图 2.7-70

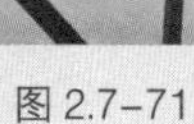

图 2.7-71

图 2.7-72

图 2.7-71、图 2.7-72 钢筋代替螺栓。

5）附着环梁

图 2.7-73

图 2.7-74

图 2.7-73、图 2.7-74 顶块安装不到位。

图 2.7-75

图 2.7-76

图 2.7-77

图 2.7-78

图 2.7-75 ~ 图 2.7-92 附着环梁与塔身不匹配。

图 2.7-79

图 2.7-80

图 2.7-81

图 2.7-82

图 2.7-83

图 2.7-84

图 2.7-85

图 2.7-86

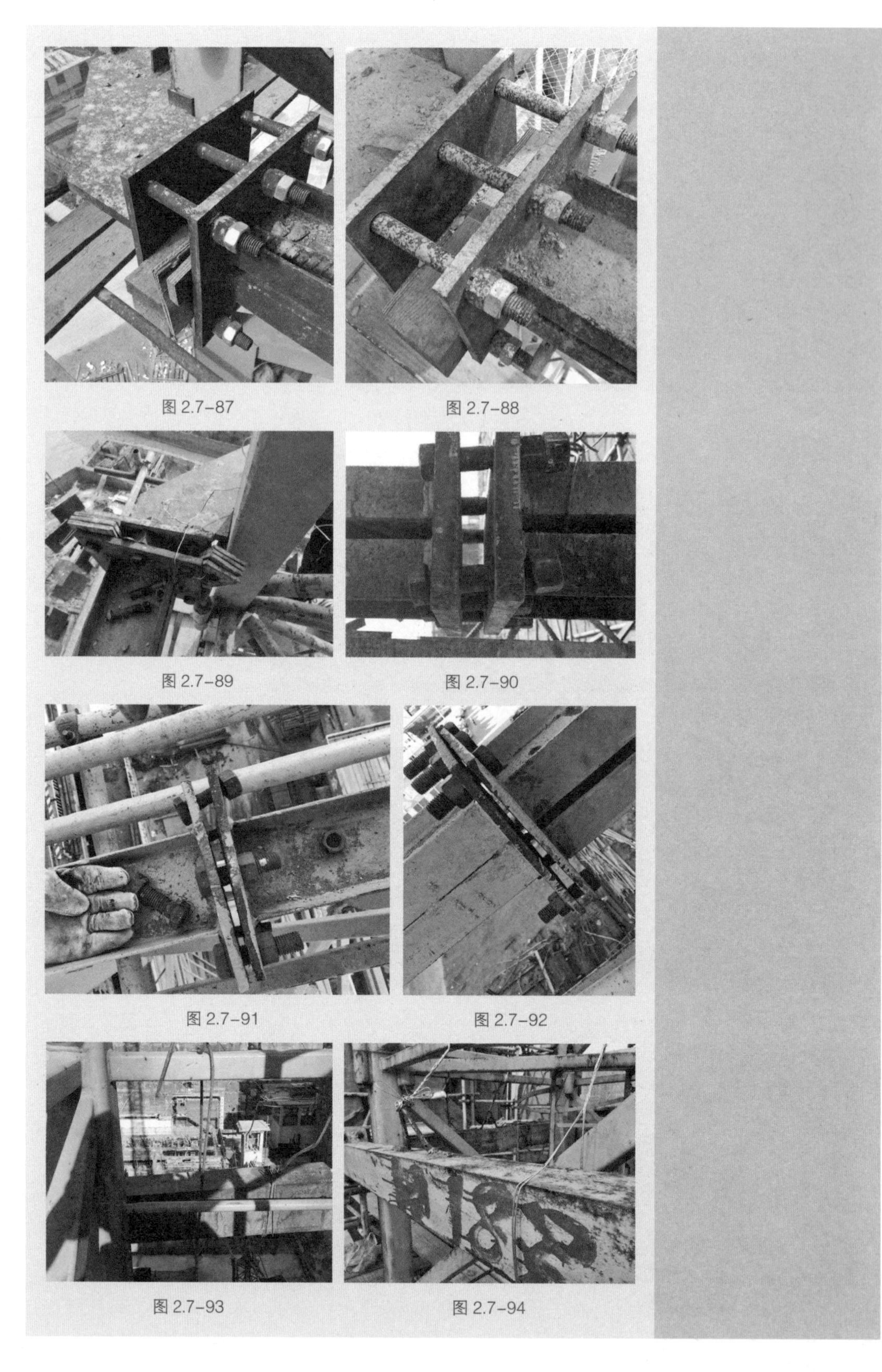

图 2.7-87

图 2.7-88

图 2.7-89

图 2.7-90

图 2.7-91

图 2.7-92

图 2.7-93

图 2.7-94

图 2.7-95

图 2.7-96

图 2.7-93～图 2.7-96 附着环梁悬挂装置不规范。

6）附着拉杆

图 2.7-97

图 2.7-98

图 2.7-99

图 2.7-100

图 2.7-101

图 2.7-102

图 2.7-97 ～ 图 2.7-108 附着拉杆自行制造，不符合力学要求。

图 2.7-103

图 2.7-104

图 2.7-105

图 2.7-106

图 2.7-107

图 2.7-108

图 2.7-109

图 2.7-110

图 2.7-109 ~ 图 2.7-115 附着拉杆结构型式不一致。

图 2.7-111

图 2.7-112

图 2.7-113

图 2.7-114

图 2.7-115

图 2.7-116～图 2.7-129 异型锚固。

图 2.7-116

图 2.7-117

图 2.7-118

图 2.7-119（1）

图 2.7-119（2）

图 2.7-120

图 2.7-121

图 2.7-122

图 2.7-123

图 2.7-124

图 2.7-125

图 2.7-126

图 2.7-127

图 2.7-128

图 2.7-129

图 2.7-130

图 2.7-131

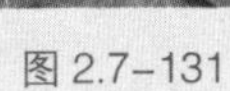

图 2.7-130、图 2.7-131 结构变形。

图 2.7-132

图 2.7-133

图 2.7-134

图 2.7-132 ~ 图 2.7-134 预紧螺母缺失。

7）其他

图 2.7-135

图 2.7-136

图 2.7-137

图 2.7-138

图 2.7-135 附着装置使用不规范。

图 2.7-136 附着装置安装不符合规范要求。

图 2.7-137、图 2.7-138 附着拉杆产生明显的弯曲变形。

2.8 回转

2.8.1 相关标准条款

1）《建筑施工塔式起重机安装、使用、拆卸安全技术规程》JGJ196-2010

2.0.16 塔式起重机在安装和使用过程中，发现有下列情况之一的，不得安装和使用：

1. 结构件上有可见裂纹和严重锈蚀的；
2. 主要受力构件存在塑性变形的；
3. 连接件存在严重磨损和塑性变形的；
4. 钢丝绳达到报废标准的；
5. 安全装置不齐全或失效的。

3.4.13 连接件及其防松防脱件严禁用其他代用品代用。连接件及其防松防脱件应使用力矩扳手或专用工具紧固连接螺栓。

2）《塔式起重机钢结构制造与检验》JB/T 11157-2011

9.3.3.2 焊缝外观检验一般采用目测，必要时可用放大镜或表面检测方法辅助判断。

9.3.3.3 焊缝外形尺寸应使用焊接检验尺进行检验，检验的选点应具有代表性。

9.3.3.4 焊缝外形尺寸经检验超出要求时，应进行修磨或按一定工艺进行局部补焊，返修后应符合本标准的规定，且补焊的焊缝应与原焊缝间保持圆滑过渡。

2.8.2 相关隐患图片

焊缝缺陷

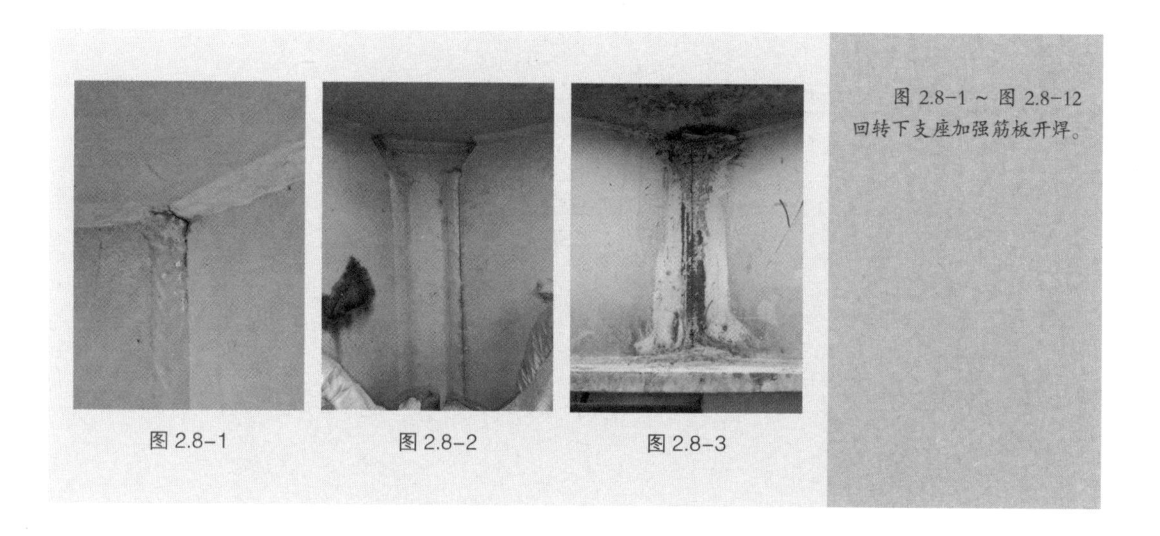

图 2.8-1　图 2.8-2　图 2.8-3

图 2.8-1 ~ 图 2.8-12 回转下支座加强筋板开焊。

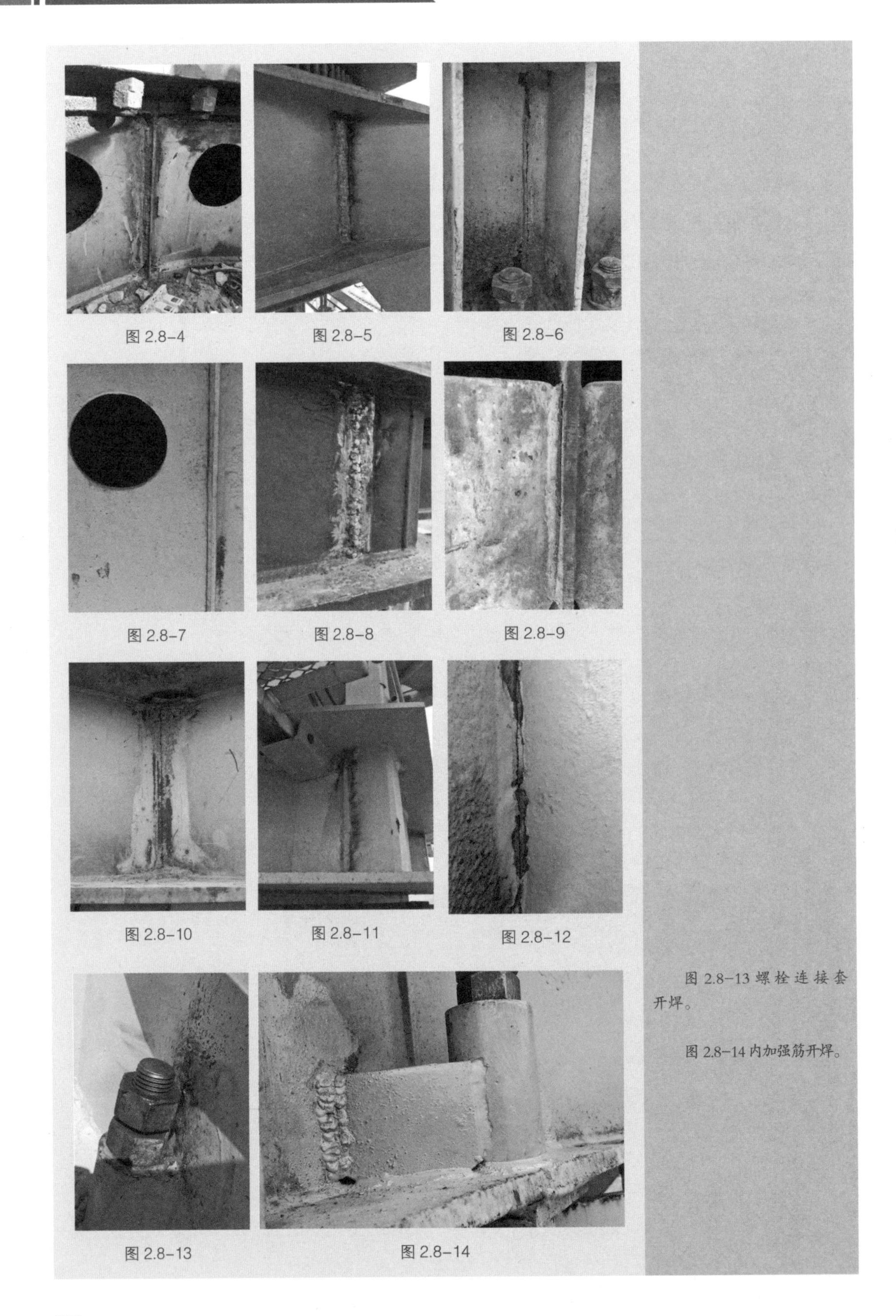

图 2.8-4

图 2.8-5

图 2.8-6

图 2.8-7

图 2.8-8

图 2.8-9

图 2.8-10

图 2.8-11

图 2.8-12

图 2.8-13

图 2.8-14

图 2.8-13 螺栓连接套开焊。

图 2.8-14 内加强筋开焊。

图 2.8-15

图 2.8-16

图 2.8-17

图 2.8-18

图 2.8-15、 图 2.8-16 回转上支座外侧焊缝开焊。

图 2.8-17 回转下支座结构开焊。

图 2.8-18 回转下支座加强筋板漏焊。

第3章

机构及零部件

相关标准条款

《塔式起重机安全规程》GB 5144-2006

5.1.1 在正常工作或维修时，机构及零部件的运动对人体可能造成危险的，应设有防护装置。

5.1.2 应采取有效措施，防止塔机上的零件掉落造成危险。可拆卸的零部件如盖、箱体及外壳等应与支座牢固连接，防止掉落。

3.1 机构

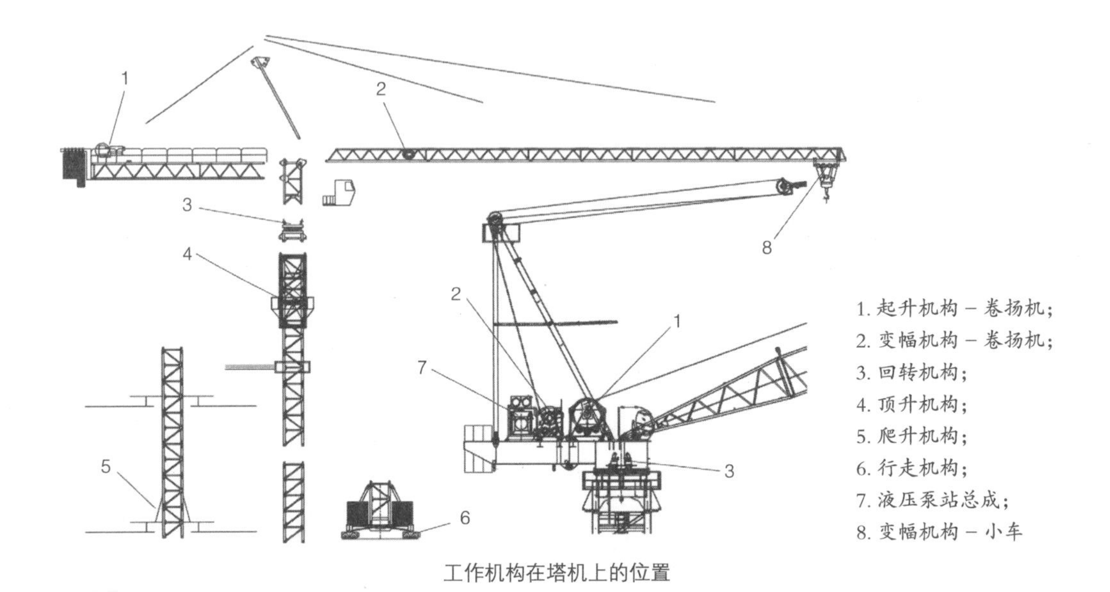

工作机构在塔机上的位置

塔式起重机工作机构设有起升机构、变幅机构和回转机构。

除上述三大基本工作机构外，对于自升式塔式起重机，为了能够自升提高塔身，还设有液压顶升机构。

起升机构

3.1.1　起升机构

3.1.1.1　相关标准条款

1)《塔式起重机》GB/T 5031-2019

5.4.1.1.1 起升机构

动力驱动的起升机构应能使载荷以可控制的速度上升或下降。不应有单独靠重力下降的运动。

2)《起重机对机构的要求　第3部分：塔式起重机》GB/T 24809.3-2009

4.1.1 动力驱动的起升机构用于使载荷以可控制的速度上升和下降。不允许仅靠重力作用的运动。

3.1.1.2　相关隐患图片

1)起升钢丝绳穿绕不正确

图 3.1.1-1

图 3.1.1-1 起升钢丝绳穿绕不正确。

2)起升钢丝绳排绳不规范

图 3.1.1-2

图 3.1.1-3

图 3.1.1-2 起升钢丝绳未通过排绳轮。

图 3.1.1-3 排绳轮防脱槽装置缺失。

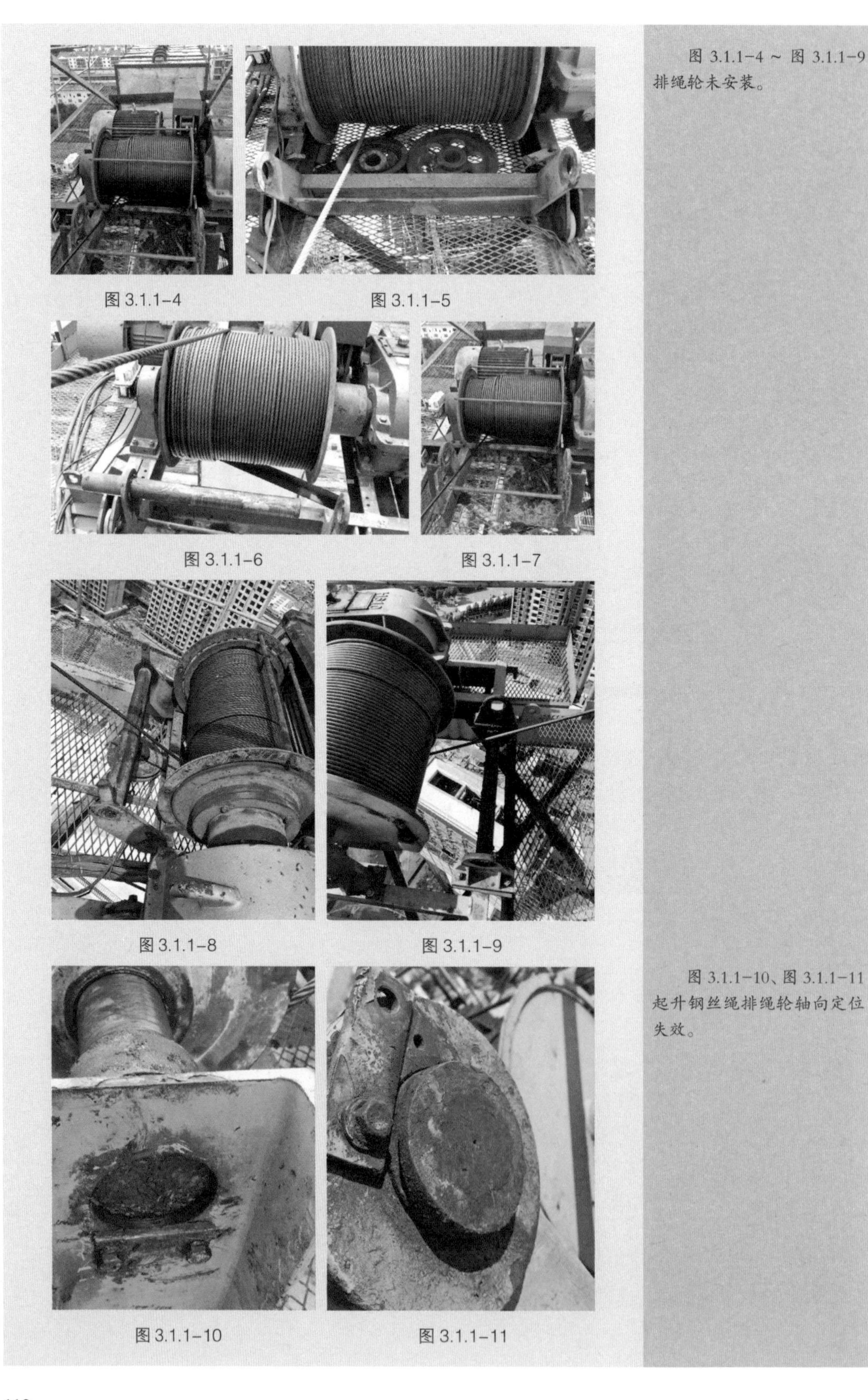

图 3.1.1-4

图 3.1.1-5

图 3.1.1-6

图 3.1.1-7

图 3.1.1-8

图 3.1.1-9

图 3.1.1-10

图 3.1.1-11

图 3.1.1-4 ~ 图 3.1.1-9 排绳轮未安装。

图 3.1.1-10、图 3.1.1-11 起升钢丝绳排绳轮轴向定位失效。

3）起升机构固定不可靠

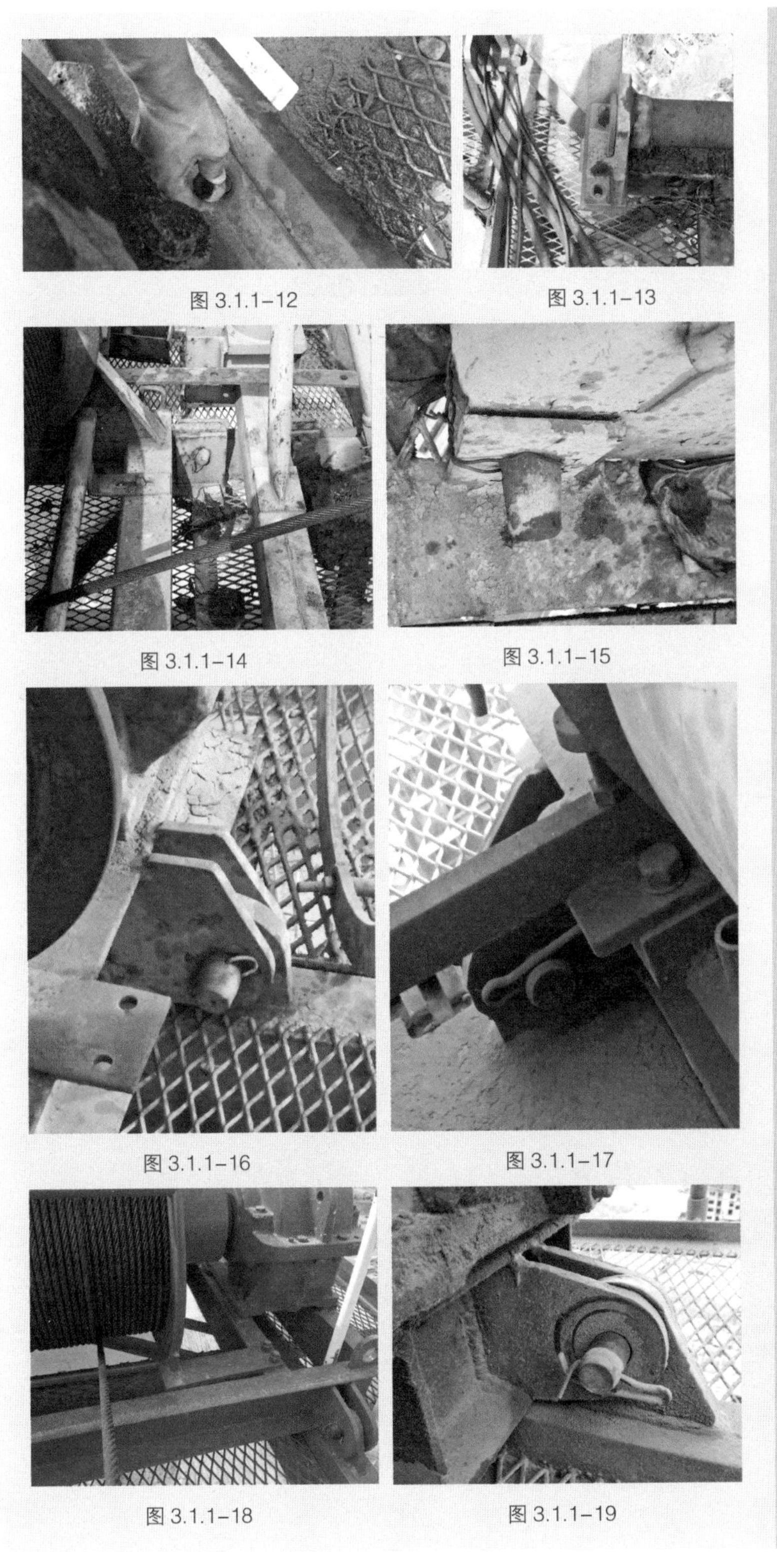
图 3.1.1-12　图 3.1.1-13
图 3.1.1-14　图 3.1.1-15
图 3.1.1-16　图 3.1.1-17
图 3.1.1-18　图 3.1.1-19

图 3.1.1-12 固定螺栓松动。

图 3.1.1-13 固定螺栓缺失。

图 3.1.1-14～图 3.1.1-19 固定销轴的开口销不规范。

图 3.1.1-20

图 3.1.1-21

图 3.1.1-20 起升机构制动毂与传动轴固定螺栓松动。

图 3.1.1-21 起升机构制动器液压推杆固定螺栓缺失。

3.1.2 变幅机构

3.1.2.1 相关标准条款

《塔式起重机》GB/T 5031-2019

5.4.1.1.3 小车变幅机构

小车变幅机构应能使变幅小车带载在水平或倾斜的臂架上运行。

小车变幅机构应能使小车带着载荷沿塔机臂架结构以可控制的速度双向运动（无论臂架斜度如何）。

不应有单独靠重力作用的运动。

小车变幅机构

3.1.2.2　相关隐患图片

1）变幅卷筒固定不可靠

图 3.1.2-1

图 3.1.2-2

图 3.1.2-3

图 3.1.2-1～图 3.1.2-4 变幅卷筒固定螺栓连接不规范。

图 3.1.2-4

图 3.1.2-5

图 3.1.2-5 变幅卷筒销轴孔间隙大。

2）变幅小车结构变形

图 3.1.2-6

图 3.1.2-7

图 3.1.2-6～图 3.1.2-13 变幅小车结构变形。

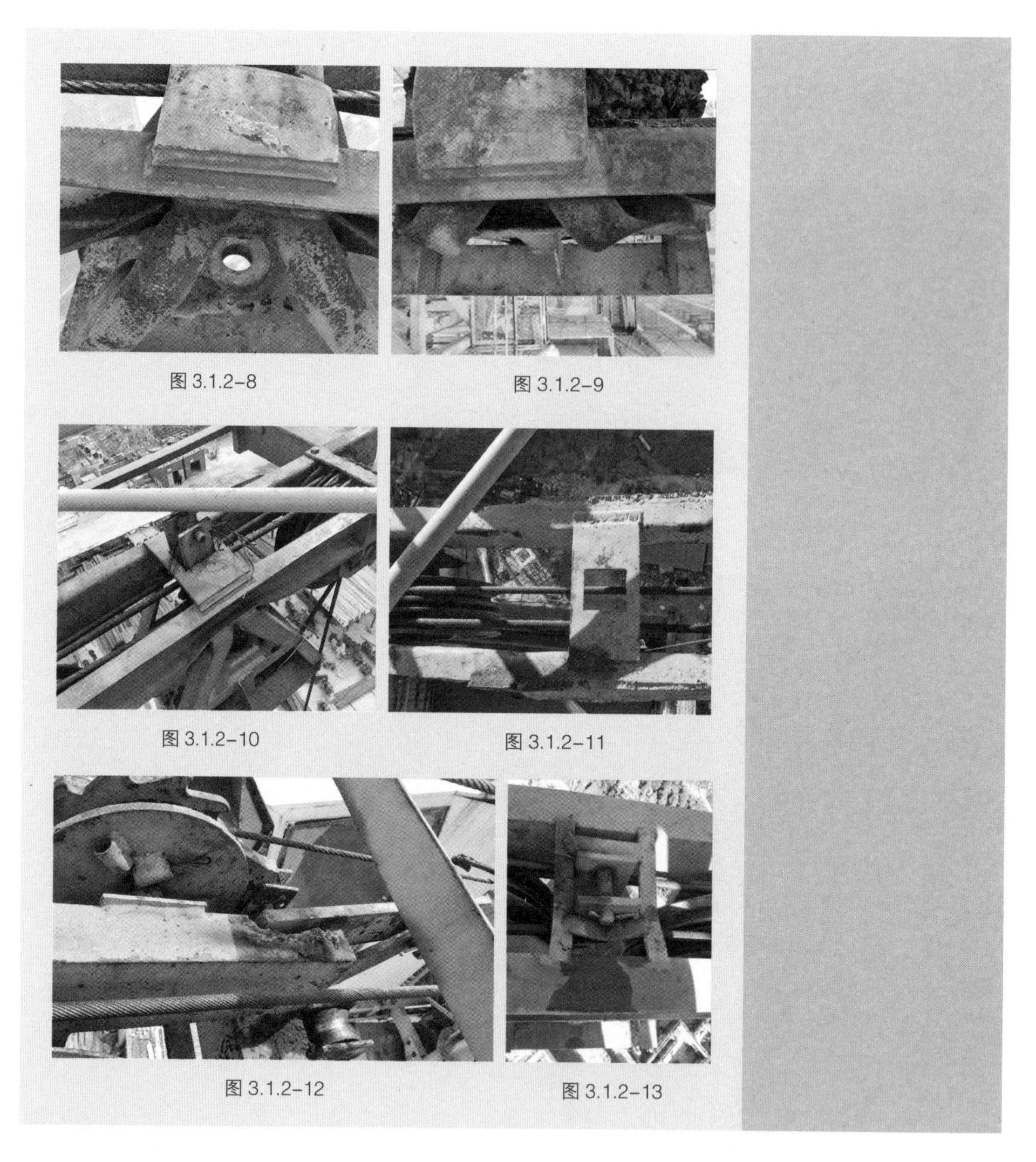
图 3.1.2-8
图 3.1.2-9
图 3.1.2-10
图 3.1.2-11
图 3.1.2-12
图 3.1.2-13

3）其他

图 3.1.2-14

图 3.1.2-15

图 3.1.2-16

图 3.1.2-14 变幅小车检修笸护栏损坏。

图 3.1.2-15、图 3.1.2-16 两变幅小车之间连接销轴缺失。

3.1.3 回转机构

3.1.3.1 相关标准条款

《塔式起重机》GB/T 5031–2019

5.4.1.1.5 回转机构

回转机构应能使臂架和载荷在正常工作风力作用下可控回转。

宜采用集电器供电，不使用集电器时，应设置限位器限制臂架两个方向的旋转角度。电缆应安装固定在不会被损坏的位置。

回转机构由回转支承装置和回转驱动装置两部分组成

3.1.3.2 相关隐患图片

1）螺栓松动

图 3.1.3–1

图 3.1.3–2

图 3.1.3–1 ~ 图 3.1.3–9 回转齿圈连接螺栓松动。

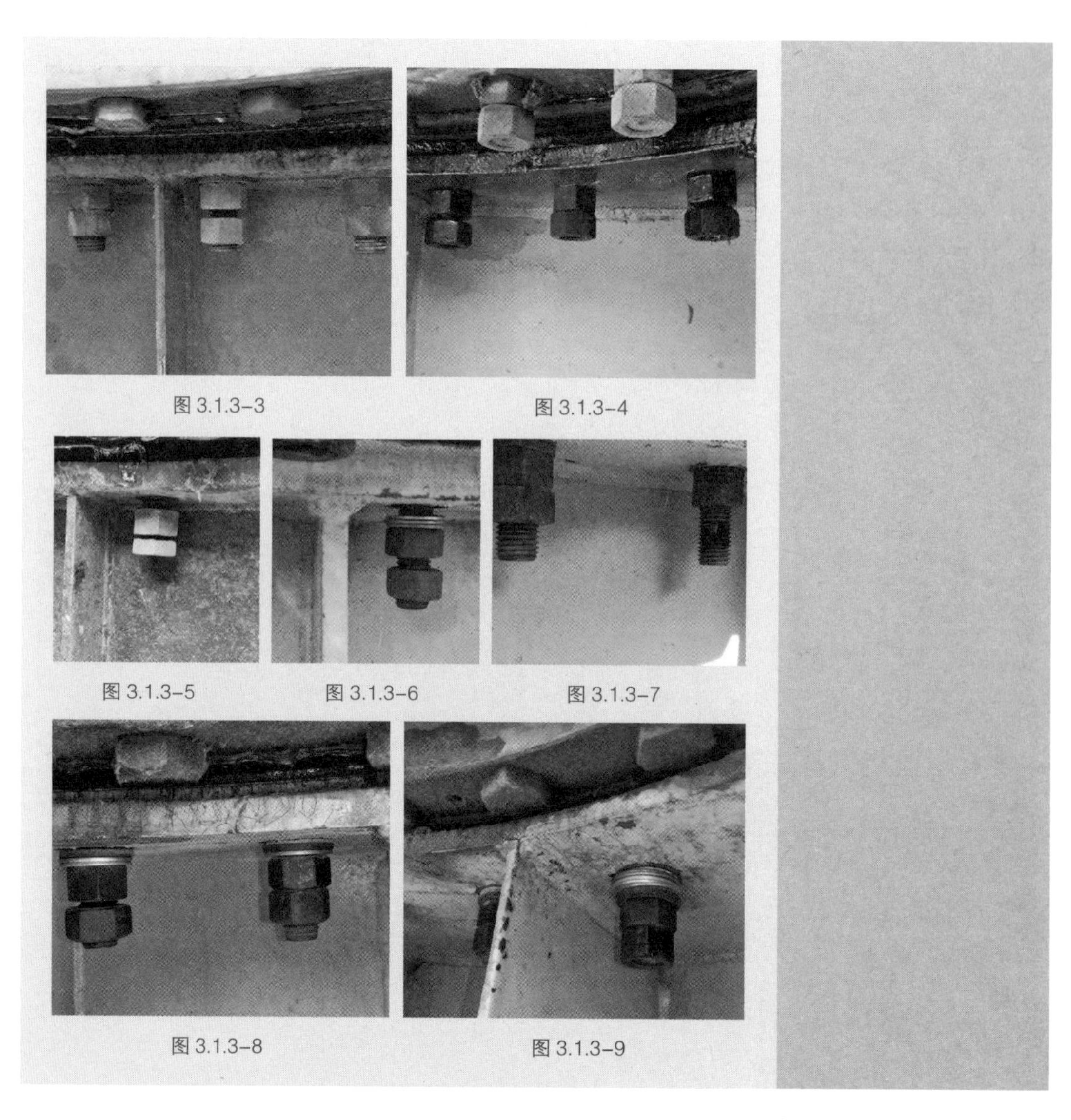

图 3.1.3-3　图 3.1.3-4

图 3.1.3-5　图 3.1.3-6　图 3.1.3-7

图 3.1.3-8　图 3.1.3-9

2）回转齿圈、齿轮

图 3.1.3-10　图 3.1.3-11　图 3.1.3-12

图 3.1.3-10～图 3.1.3-15 回转电机传动齿断裂。

图 3.1.3-13

图 3.1.3-14

图 3.1.3-15

图 3.1.3-16

图 3.1.3-17

图 3.1.3-16、图 3.1.3-17 回转齿圈轮齿磨损。

3）其他

图 3.1.3-18（1）

图 3.1.3-18（2）

图 3.1.3-19

图 3.1.3-18 回转电机固定板断裂。

图 3.1.3-19 回转电机固定架断裂。

图 3.1.3-20

图 3.1.3-21

图 3.1.3-20、图 3.1.3-21 喷淋装置焊接在回转平台上。

图 3.1.3-22

图 3.1.3-23

图 3.1.3-22 固定销轴开口销用铁丝代替。

图 3.1.3-23 固定销轴开口销缺失。

图 3.1.3-24

图 3.1.3-25

图 3.1.3-24 ~ 图 3.1.3-27 回转电机缺失。

图 3.1.3-26

图 3.1.3-27

图 3.1.3-28

图 3.1.3-29

图 3.1.3-28 回转刹车损坏。

图 3.1.3-29 下回转与套架连接销轴开口销用铁丝代替。

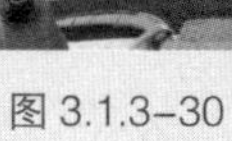

图 3.1.3-30

图 3.1.3-31

图 3.1.3-30、图 3.1.3-31 回转电机传送带防护罩缺失。

图 3.1.3-32

图 3.1.3-33

图 3.1.3-32、图 3.1.3-33 回转电机传送带龟裂。

图 3.1.3-34

图 3.1.3-35

图 3.1.3-34 回转电机传送带防护罩固定不牢靠。

图 3.1.3-35 回转耦合器防护罩缺失。

3.1.4 顶升结构

3.1.4.1 相关标准条款

1)《塔式起重机》GB/T 5031-2019

5.6.11 爬升装置防脱功能

爬升式塔机爬升支撑装置应有直接作用于其上的预定工作位置锁定装置。在加节、降节作业中，塔机未到达稳定支撑状态（塔机回落到安全状态或被换步支撑装置安全支撑）被人工解除锁定前，即使爬升装置有意外卡阻，爬升支撑装置也不应从支撑处（踏步或爬梯）脱出。

爬升式塔机换步支撑装置工作承载时，应有预定工作位置保持功能或锁定装置。

10.3.8.1 通则

爬升装置是用于加高或降低塔机高度的执行机构。

大部分塔机采用的爬升原理基本一致，但爬升装置的具体结构型式和操作方式因塔身的不同而不同，任何情况下均应注意制造商使用说明书中的说明。

2)《塔式起重机安全规程》GB 5144-2006

6.11 顶升横梁防脱功能

自升式塔机应具有防止塔身在正常加节、降节作业时，顶升横梁从塔身支撑中自行脱出的功能。

9.1 液压系统应有防止过载和液压冲击的安全装置。安全溢流阀的调定压力不应大于系统额定工作压力的 110%，系统的额定工作压力不应大于液压泵的额定压力。

9.2 顶升液压缸应具有可靠的平衡阀或液压锁，平衡阀或液压锁与液压缸之间不应用软管连接。

3.1.4.2 相关隐患图片

1）结构变形

图 3.1.4-1

图 3.1.4-2

图 3.1.4-3

图 3.1.4-4

图 3.1.4-1 ~ 图 3.1.4-3 顶升踏步开口度变形。

图 3.1.4-4 顶升液压缸连接板变形。

2）爬升防脱装置

图 3.1.4-5

图 3.1.4-6

图 3.1.4-5 ~ 图 3.1.4-7 顶升横梁防脱销缺失。

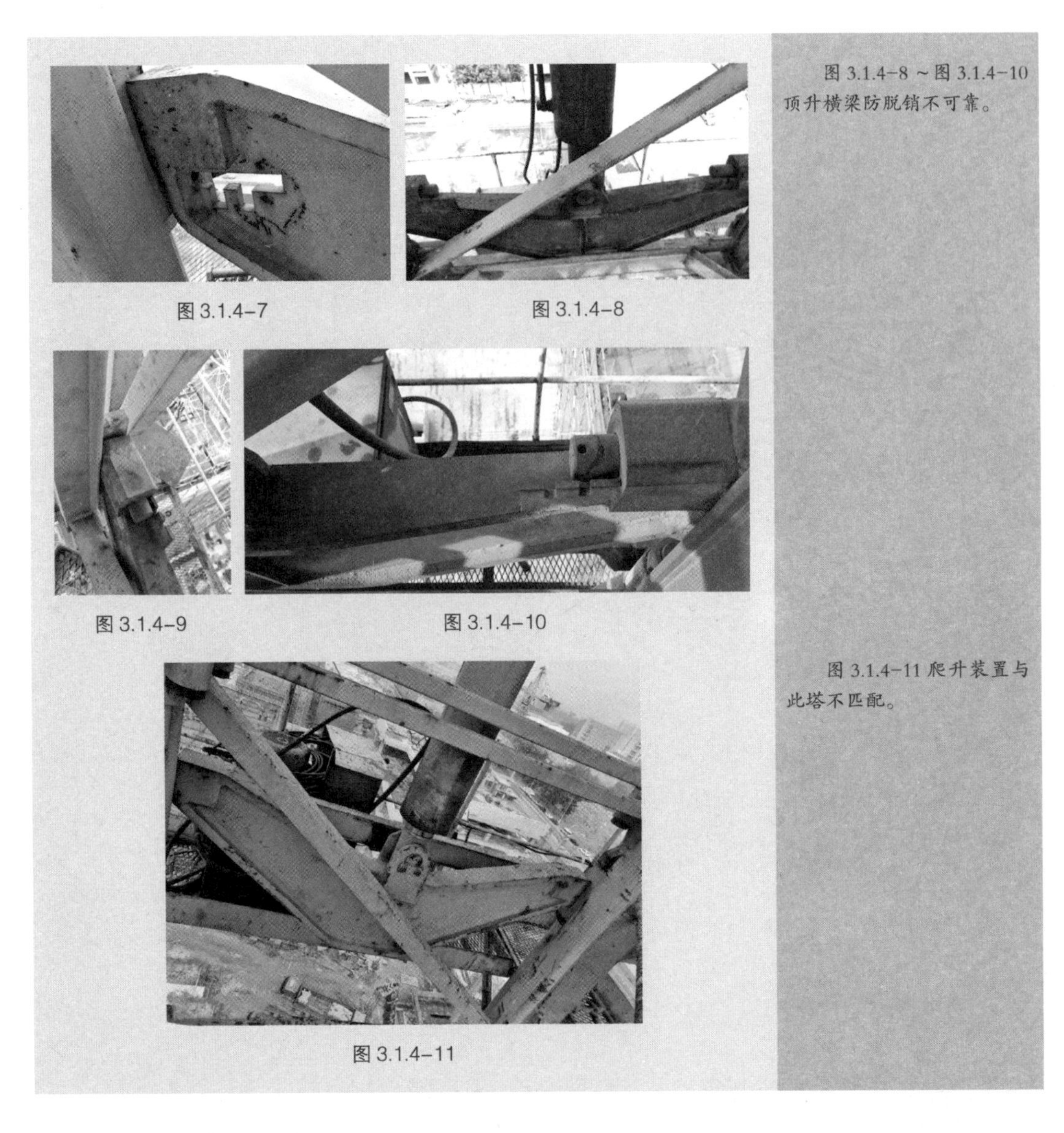

图 3.1.4-7

图 3.1.4-8

图 3.1.4-9

图 3.1.4-10

图 3.1.4-11

图 3.1.4-8 ~ 图 3.1.4-10 顶升横梁防脱销不可靠。

图 3.1.4-11 爬升装置与此塔不匹配。

3）顶升套架导向轮

图 3.1.4-12

图 3.1.4-13

图 3.1.4-12 ~ 图 3.1.4-14 顶升套架导向轮座开裂。

图 3.1.4-14

图 3.1.4-15

图 3.1.4-16

图 3.1.4-15、图 3.1.4-16 顶升套架导向轮销轴轴向止挡缺失。

4）开口销连接不规范

图 3.1.4-17

图 3.1.4-18

图 3.1.4-17 ~ 图 3.1.4-30 连接销开口销用铁丝代替。

图 3.1.4-19

图 3.1.4-20

图 3.1.4-21

图 3.1.4-22

图 3.1.4-23

图 3.1.4-24

图 3.1.4−25

图 3.1.4−26

图 3.1.4−27

图 3.1.4−28

图 3.1.4−29

图 3.1.4−30

图 3.1.4−31

图 3.1.4−32

图 3.1.4−31、图 3.1.4−32 开口销缺失。

5）连接销轴

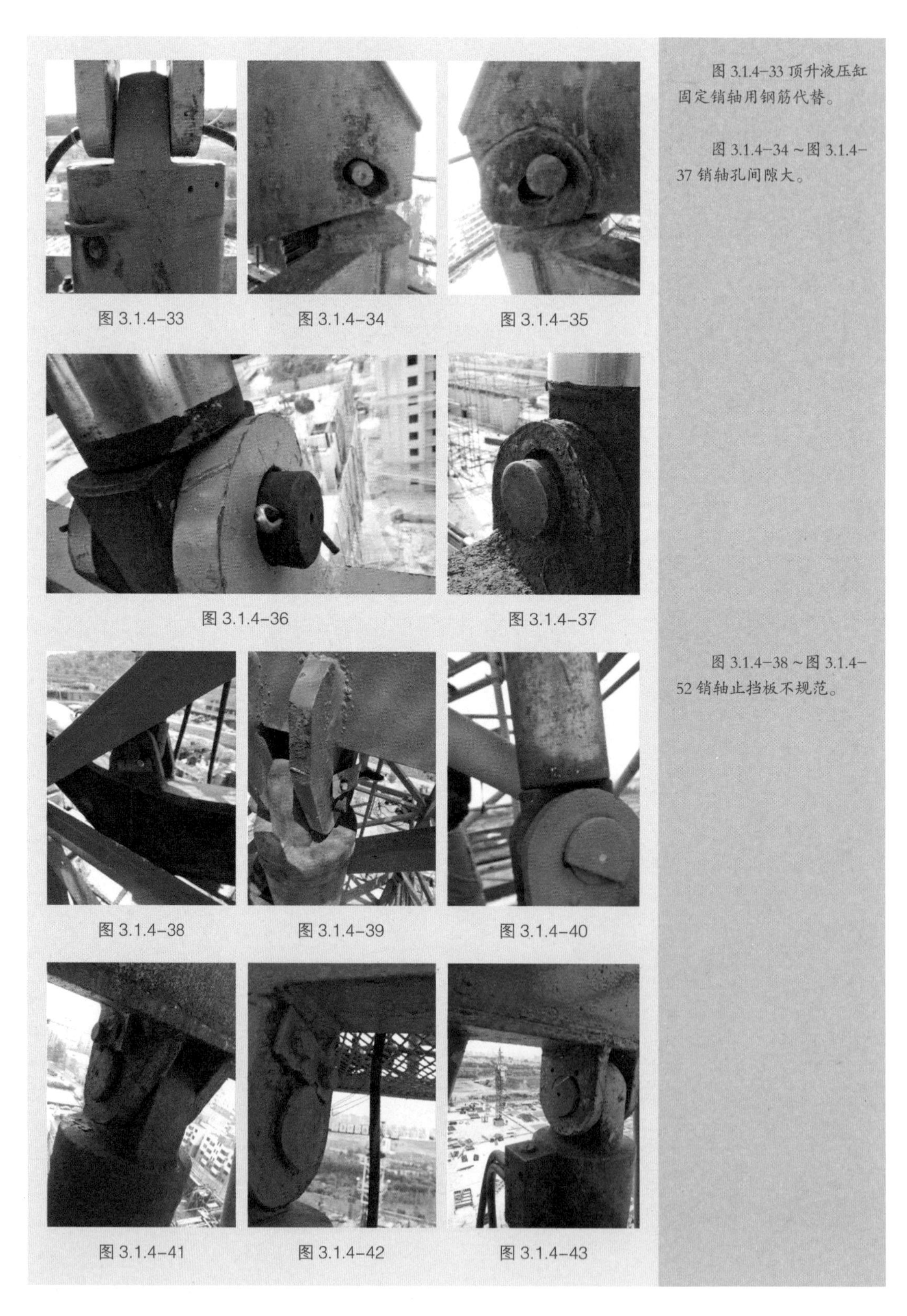

图 3.1.4-33　图 3.1.4-34　图 3.1.4-35

图 3.1.4-36　图 3.1.4-37

图 3.1.4-38　图 3.1.4-39　图 3.1.4-40

图 3.1.4-41　图 3.1.4-42　图 3.1.4-43

图 3.1.4-33 顶升液压缸固定销轴用钢筋代替。

图 3.1.4-34 ~ 图 3.1.4-37 销轴孔间隙大。

图 3.1.4-38 ~ 图 3.1.4-52 销轴止挡板不规范。

图 3.1.4-44

图 3.1.4-45

图 3.1.4-46

图 3.1.4-47

图 3.1.4-48

图 3.1.4-49

图 3.1.4-50

图 3.1.4-51

图 3.1.4-52

图 3.1.4-53

图 3.1.4-53 油缸连接不规范。

6）螺栓连接

图 3.1.4-54

图 3.1.4-55

图 3.1.4-54、图 3.1.4-55 连接螺栓松动。

图 3.1.4-56

图 3.1.4-57

图 3.1.4-56、图 3.1.4-57 连接螺栓缺失。

图 3.1.4-58

图 3.1.4-59

图 3.1.4-58、图 3.1.4-59 焊接代替螺栓连接。

图 3.1.4-60

图 3.1.4-60 顶升套架平台固定螺栓缺失。

7）栏杆

图 3.1.4-61

图 3.1.4-62

图 3.1.4-63

图 3.1.4-64

图 3.1.4-65

图 3.1.4-61～图 3.1.4-65 顶升套架平台栏杆缺失。

图 3.1.4-66

图 3.1.4-67

图 3.1.4-66 顶升套架平台栏杆高度不符合要求。

图 3.1.4-67 顶升套架平台栏杆变形。

8）其他

图 3.1.4-68

图 3.1.4-68 顶升横梁未入位。

3.2 零部件

3.2.1 钢丝绳

3.2.1.1 相关标准条款

1)《塔式起重机安全规程》GB 5144-2006

5.2.4 塔机起升钢丝绳宜使用不旋转钢丝绳。未采用不旋转钢丝绳时，其绳端应设有防扭装置。

5.4.3 钢丝绳在卷筒上的固定应安全可靠，且符合有关要求。钢丝绳在放出最大工作长度后，卷筒上的钢丝绳至少应保留 3 圈。

2)《起重机 钢丝绳 保养、维护、检验和报废》GB/T 5972-2016

4 保养与维护

钢丝绳的规格、型号应符合说明书要求，更换的钢丝绳应不低于原规格的要求，并正确穿绕。

钢丝绳应润滑良好，在卷筒上排列整齐，不应与任何接触件有滑动摩擦。

6.2.1 钢丝绳断丝数不应超过规定的数值。

6.3 钢丝绳直径减小量不大于公称直径的 7%。

6.4 ~ 6.6

钢丝绳不应有扭结、折弯、扁平、笼状畸形、断股等畸形和损伤现象。

3)《起重机安全规程 第 1 部分：总则》GB 6067.1-2010

4.2.1.5 钢丝绳端部的固定和连接应符合如下要求：

用绳夹连接时，应满足表 1 的要求，同时应保证连接强度不小于钢丝绳最小破断拉力的 85%。

表 1 钢丝绳夹连接时的安全要求

钢丝绳公称直径 /mm	≤ 19	19 ~ 32	32 ~ 38	38 ~ 44	44 ~ 60
钢丝绳夹最少数量 / 组	3	4	5	6	7
注：钢丝绳夹夹座应在受力绳头一边，每两个钢丝绳夹的间距不应小于钢丝绳直径的 6 倍。					

3.2.1.2 相关隐患图片

1）钢丝绳断丝、断股

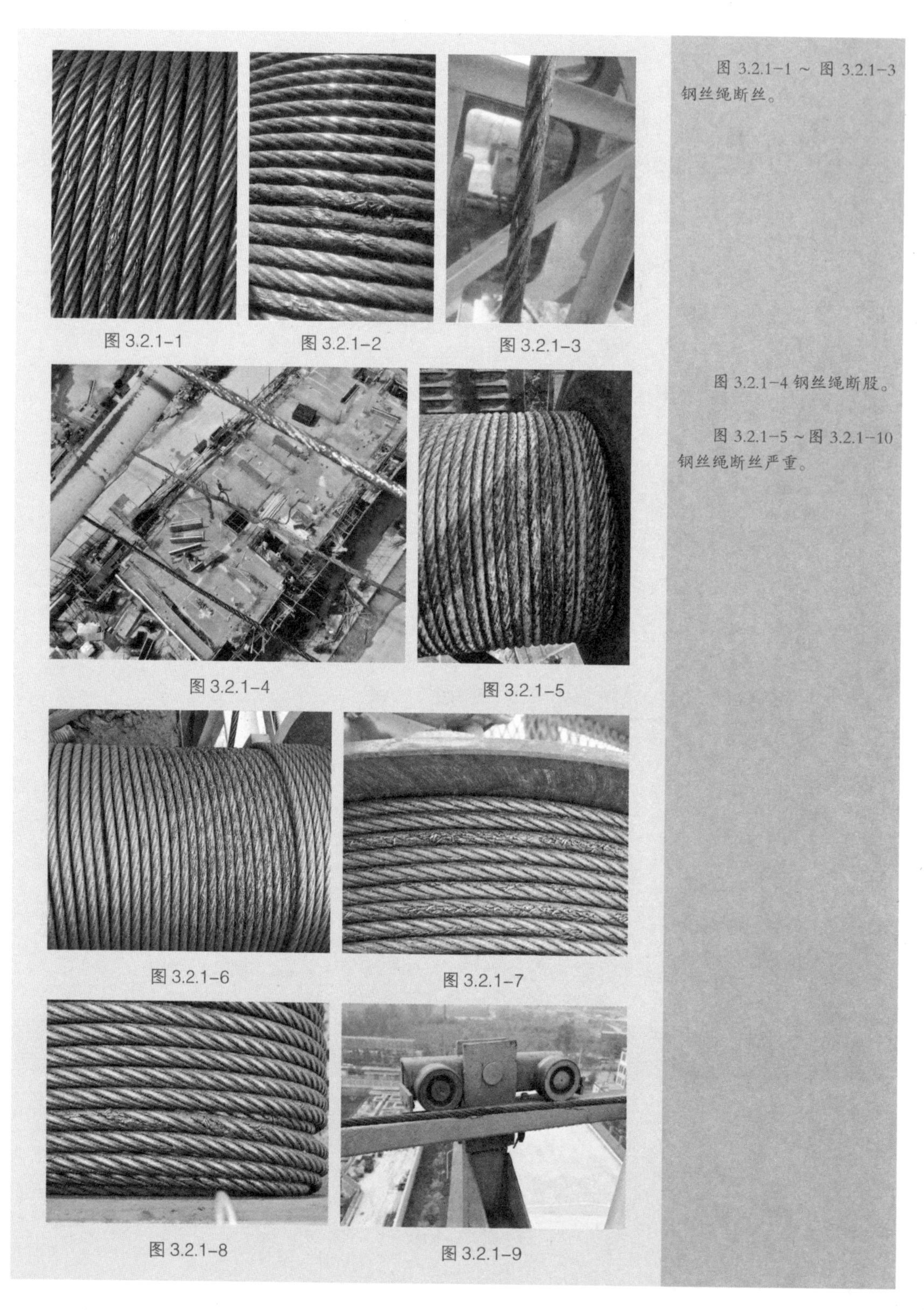

图 3.2.1-1

图 3.2.1-2

图 3.2.1-3

图 3.2.1-4

图 3.2.1-5

图 3.2.1-6

图 3.2.1-7

图 3.2.1-8

图 3.2.1-9

图 3.2.1-1 ~ 图 3.2.1-3 钢丝绳断丝。

图 3.2.1-4 钢丝绳断股。

图 3.2.1-5 ~ 图 3.2.1-10 钢丝绳断丝严重。

图 3.2.1-10

2）钢丝绳挤压变形

图 3.2.1-11

图 3.2.1-11 钢丝绳挤压变形。

3）钢丝绳笼状畸形

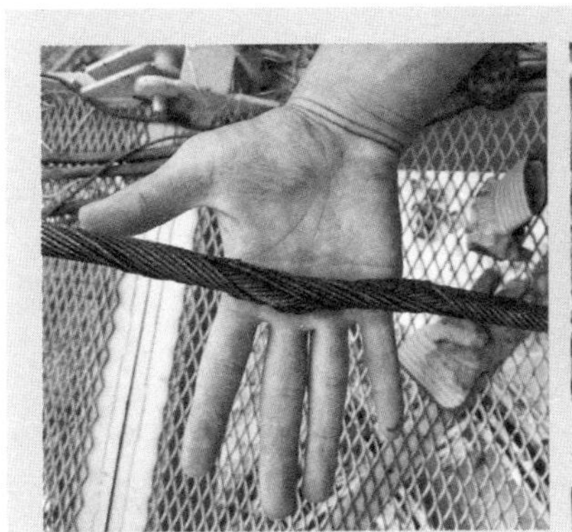

图 3.2.1-12

图 3.2.1-13

图 3.2.1-12 ~ 图 3.2.1-15 钢丝绳笼状畸形。

图 3.2.1-14

图 3.2.1-15

4）钢丝绳锈蚀

图 3.2.1-16

图 3.2.1-17

图 3.2.1-18

图 3.2.1-16 ~ 图 3.2.1-18 钢丝绳锈蚀。

5）钢丝绳散股、波浪、扭结等变形

图3.2.1-19

图3.2.1-20

图3.2.1-21

图3.2.1-22

图3.2.1-23

图3.2.1-24

图3.2.1-25

图3.2.1-19～图3.2.1-27钢丝绳散股。

图 3.2.1-26　图 3.2.1-27

图 3.2.1-28　图 3.2.1-29

图 3.2.1-28 钢丝绳波浪变形。

图 3.2.1-29 钢丝绳扭结变形。

6）绳卡、穿绳方式

图 3.2.1-30　图 3.2.1-31

图 3.2.1-32　图 3.2.1-33

图 3.2.1-30 ~ 图 3.2.1-34 绳卡固定方向不一致。

图 3.2.1-34

图 3.2.1-35

图 3.2.1-35、图 3.2.1-36 绳卡距离不符合要求。

图 3.2.1-36

图 3.2.1-37

图 3.2.1-37、图 3.2.1-38 穿绳方向不符合要求。

图 3.2.1-38

图 3.2.1-39

图 3.2.1-39 绳卡数量、方向不符合要求。

7）钢丝绳与接触件有滑动摩擦

图 3.2.1–40

图 3.2.1–41

图 3.2.1–42

图 3.2.1–43

图 3.2.1–44

图 3.2.1–45

图 3.2.1–40～图 3.2.1–43 托绳轮磨损。

图 3.2.1–44 钢丝绳与结构磨损。

图 3.2.1–45 钢丝绳与导向板滑动摩擦。

8）钢丝绳排列不整齐

图 3.2.1-46　图 3.2.1-47　图 3.2.1-48

图 3.2.1-49　图 3.2.1-50

图 3.2.1-51　图 3.2.1-52

图 3.2.1-53　图 3.2.1-54　图 3.2.1-55

图 3.2.1-46～图 3.2.1-56 钢丝绳排列不整齐。

图 3.2.1-56

9）其他

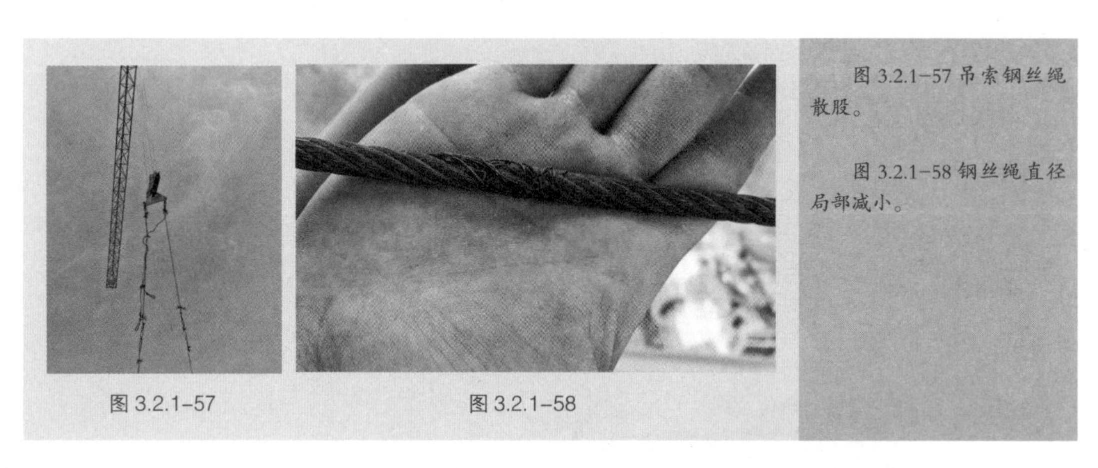

图 3.2.1-57　　图 3.2.1-58

图 3.2.1-57 吊索钢丝绳散股。

图 3.2.1-58 钢丝绳直径局部减小。

3.2.2 吊钩

3.2.2.1　相关标准条款

1）《塔式起重机》GB/T 5031-2019

5.4.2.3 吊钩应设有防止吊索或吊具非人为脱出的装置。

2）《塔式起重机安全规程》GB 5144-2006

5.3.2　吊钩禁止补焊，有下列情况之一的应予以报废：

a）用 20 倍放大镜观察表面有裂纹；

b）钩尾和螺纹部分等危险截面及钩筋有永久性变形；

c）挂绳处截面磨损量超过原高度的 10%；

d）心轴磨损量超过其直径的 5%；

e）开口度比原尺寸增加 15%。

6.6 吊钩应设有防钢丝绳脱钩的装置。

3.2.2.2 相关隐患图片

1）吊钩磨损

图 3.2.2-1

图 3.2.2-2

图 3.2.2-3

图 3.2.2-1 ~ 图 3.2.2-3 吊钩磨损。

2）防脱钩装置失效

图 3.2.2-4

图 3.2.2-5

图 3.2.2-6

图 3.2.2-4 ~ 图 3.2.2-14 防脱钩装置失效。

图 3.2.2-7

图 3.2.2-8

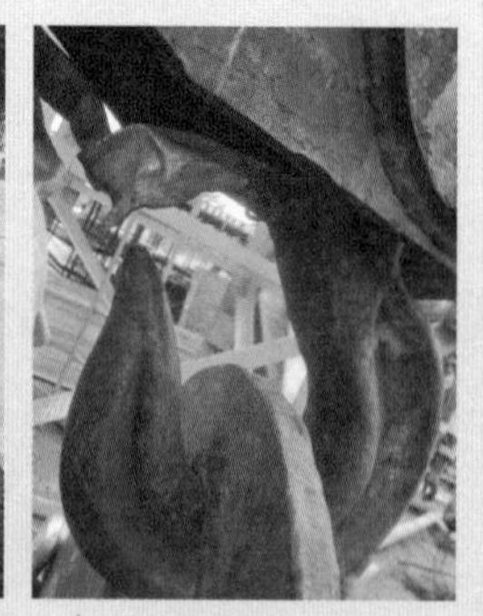

图 3.2.2-9

图 3.2.2-10

图 3.2.2-11

图 3.2.2-12

图 3.2.2-13

图 3.2.2-14

图 3.2.2-15

图 3.2.2-15 防脱钩装置缺失。

3.2.3　滑轮、托绳轮

3.2.3.1　相关标准条款

1）《塔式起重机》GB/T 5031-2019

5.4.3 滑轮

5.4.3.1 滑轮的最小卷绕直径应符合 GB/T 13752 的规定，钢丝绳进或绕出滑轮时偏斜的最大角度不应大于 4°。

5.4.3.2 装配好的滑轮应运转灵活，绳槽槽底及槽侧跳动应符合 GB/T 27546 的规定。

2）《塔式起重机安全规程》GB 5144-2006

5.4.5 卷筒和滑轮有下列情况之一的应予以报废：

a）裂纹或轮缘破损；

b）卷筒壁磨损量达原壁厚的 10%；

c）滑轮绳槽壁厚磨损量达原壁厚的 20%；

d）滑轮槽底的磨损量超过相应钢丝绳直径的 25%。

3.2.3.2　相关隐患图片

1）滑轮

图 3.2.3-1

图 3.2.3-2

图 3.2.3-1 ～ 图 3.2.3-3 变幅钢丝绳导向轮轮缘破损。

图 3.2.3-3

图 3.2.3-4

图 3.2.3-4 ～ 图 3.2.3-8 起升钢丝绳滑轮轮缘破损。

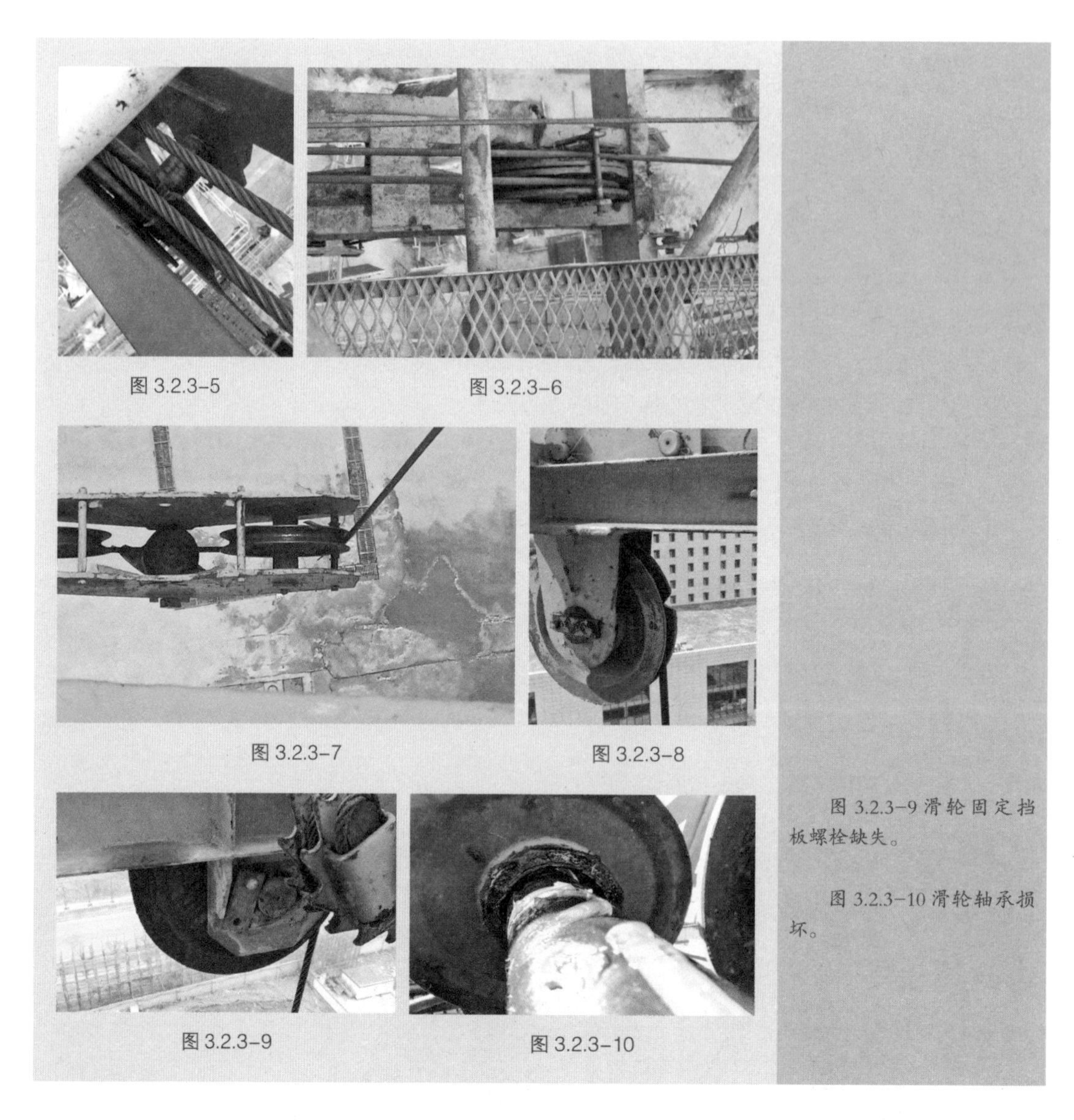

图 3.2.3-5

图 3.2.3-6

图 3.2.3-7

图 3.2.3-8

图 3.2.3-9

图 3.2.3-10

图 3.2.3-9 滑轮固定挡板螺栓缺失。

图 3.2.3-10 滑轮轴承损坏。

2）托绳轮

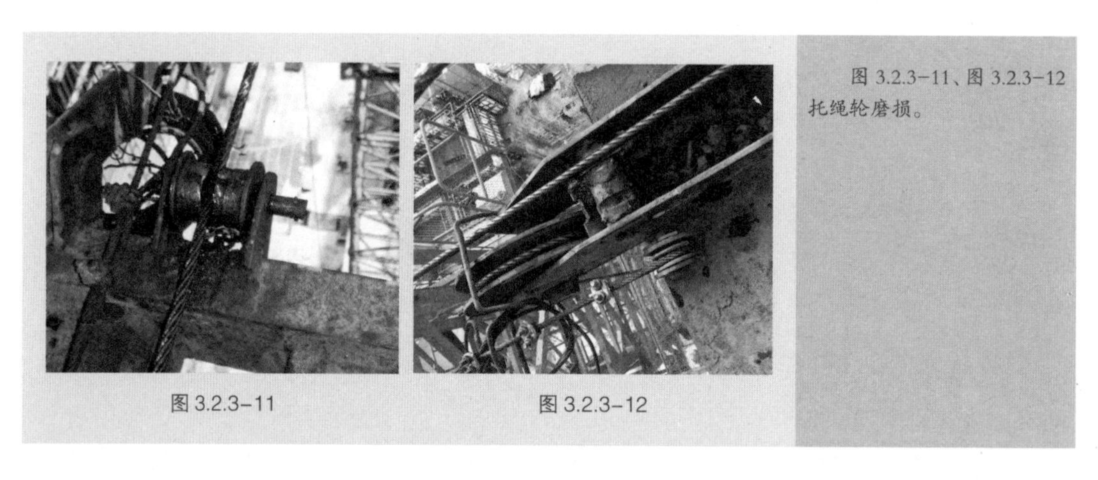

图 3.2.3-11

图 3.2.3-12

图 3.2.3-11、图 3.2.3-12 托绳轮磨损。

图 3.2.3-13

图 3.2.3-13 托绳轮缺失。

3.2.4 制动器

3.2.4.1 相关标准条款

1)《塔式起重机》GB/T 5031-2019

5.4.1.4.1 一般要求

当提升动力被切断时，制动器应自动动作。制动器的热效能应能适应小时制动次数、使用环境温度和允许温升的要求。

制动器的设计应满足在紧急情况下，满载从最高处下降制动，考虑制动器的发热和散热后，制动器应有足够的制动力使荷载以可控制的速度下降。

制动弹簧的可靠性应适合制动器预期寿命与预期制动次数的要求。制动器系统的设计应保证制动弹簧的预压力不会影响弹簧的弹性常数。

应有防止污染物渗入而影响制动性能的防护措施。

5.4.1.4.2 起升机构

制动衬垫表面应与制动轮（或盘）相适应以避免不均匀磨损，并不应使用有危害的材料（如：石棉）制造。

最大额定起重量 25t 及以上塔机宜装设安全制动器并符合 5.4.1.4.3 的要求。

2)《塔式起重机安全规程》GB 5144-2006

5.5.1 塔机的起升、回转、变幅、行走机构都应配备制动器。

对于电力驱动的塔机，在产生大的电压降或在电气保护元件动作时，不允许导致各机构的动作失去控制。

动臂变幅的塔机，应设有维修变幅机构时能防止卷筒转动的可靠装置。

5.5.3 制动器零件有下列情况之一的应予以报废：

a）可见裂纹；

b）制动块摩擦衬垫磨损量达原厚度的 50%；

c）制动轮表面磨损量达 1.5mm ~ 2mm；

d）弹簧出现塑性变形；

e）电磁铁杠杆系统空行程超过其额定行程的 10%。

3）《起重机对机构的要求 第 3 部分：塔式起重机》GB/T 24809.3-2009

4.4 制动器

4.4.1 一般要求

摩擦衬垫表面应与制动轮或制动盘相匹配，以避免不当的磨损，并且不应使用有害材料（如：石棉）制成。

3.2.4.2　相关隐患图片

制动轮磨损

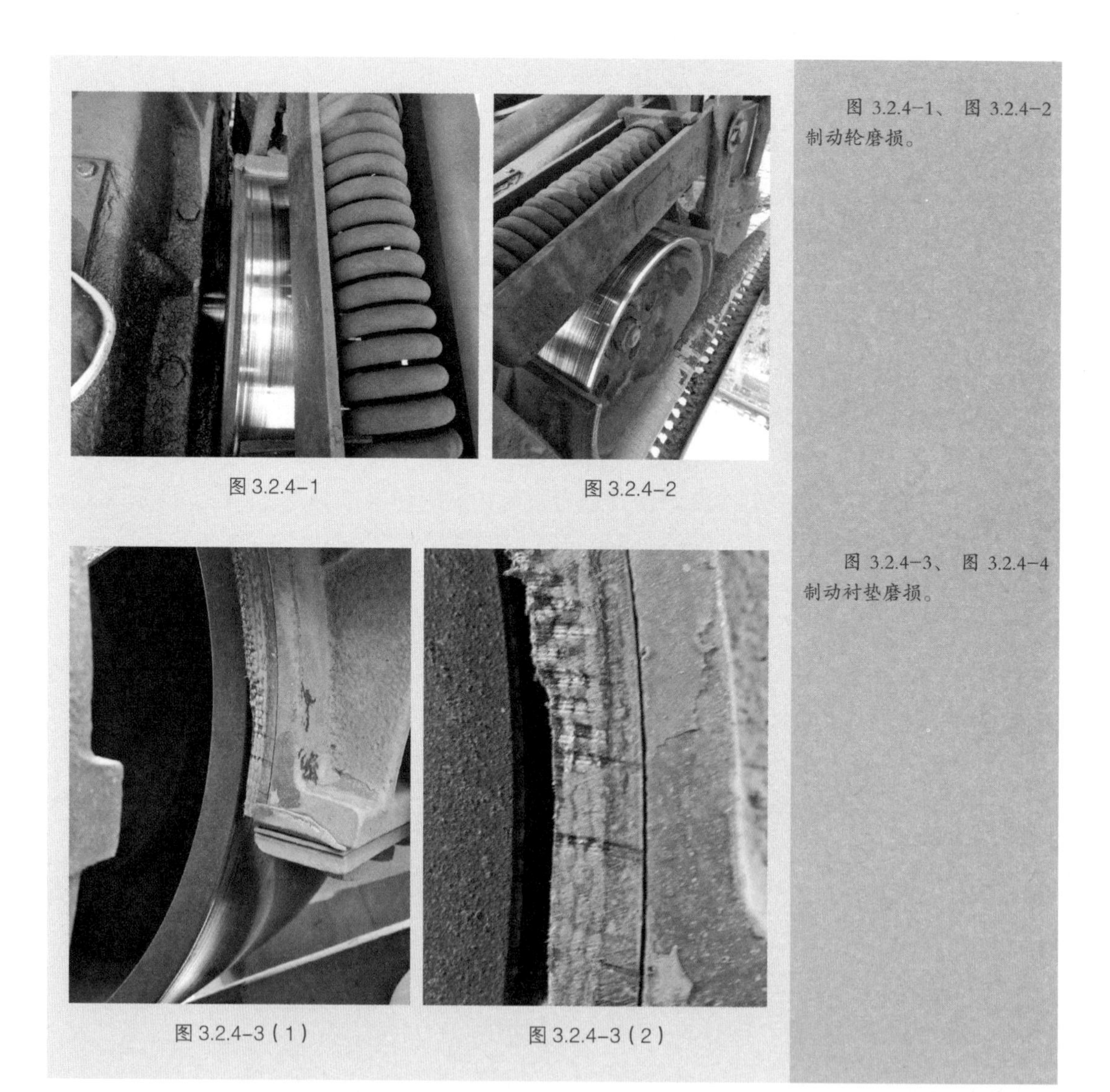

图 3.2.4-1

图 3.2.4-2

图 3.2.4-1、图 3.2.4-2 制动轮磨损。

图 3.2.4-3（1）

图 3.2.4-3（2）

图 3.2.4-3、图 3.2.4-4 制动衬垫磨损。

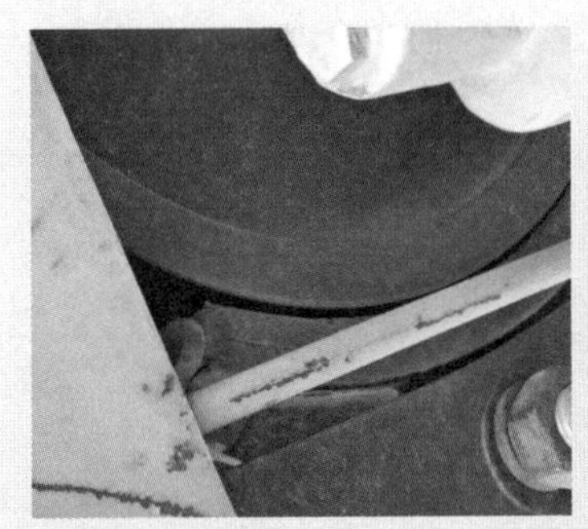
图 3.2.4-4

图 3.2.4-5

图 3.2.4-6

图 3.2.4-7

图 3.2.4-5 ~ 图 3.2.4-7 制动轮有明显裂纹、龟裂。

图 3.2.4-8

图 3.2.4-9

图 3.2.4-8、图 3.2.4-9 制动衬垫止挡缺失。

图 3.2.4-10

图 3.2.4-10 制动轮有油污。

图 3.2.4-11

图 3.2.4-12

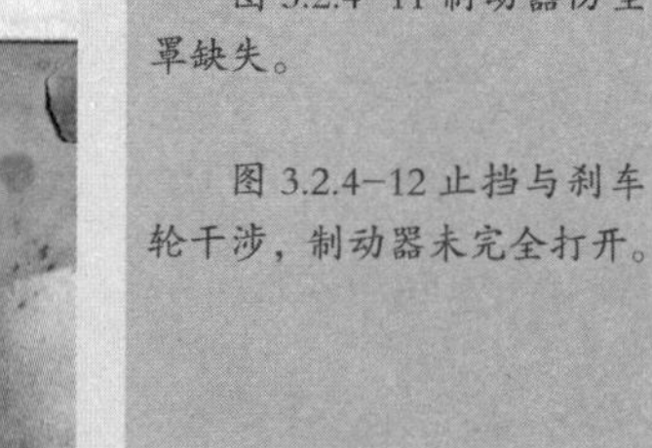

图 3.2.4-11 制动器防尘罩缺失。

图 3.2.4-12 止挡与刹车轮干涉，制动器未完全打开。

图 3.2.4-13

图 3.2.4-14

图 3.2.4-13 安全制动器失效。

图 3.2.4-14 刹车片缺失或太薄。

图 3.2.4-15

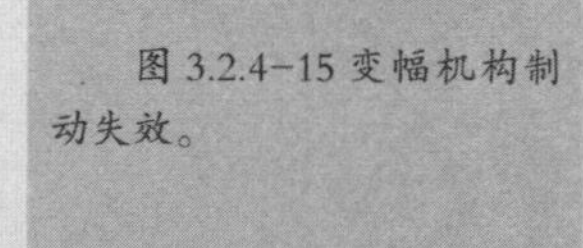

图 3.2.4-15 变幅机构制动失效。

3.2.5 车轮

3.2.5.1 相关标准条款

《塔式起重机安全规程》GB/T 5144-2006

5.6.3 车轮有下列情况之一的应予以报废：

a）可见裂纹；

b）车轮踏面厚度磨损量达原厚度的 15%；

c）车轮轮缘厚度磨损量达原厚度的 50%。

3.2.5.2 相关隐患图片

1）车轮

图 3.2.5-1

图 3.2.5-2

图 3.2.5-3

图 3.2.5-4

图 3.2.5-1 ~ 图 3.2.5-7 车轮轮缘磨损。

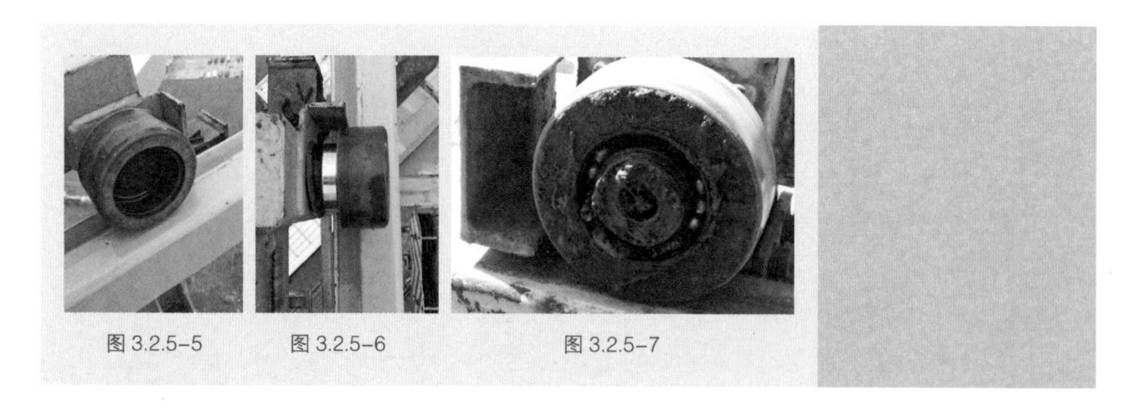

图 3.2.5-5　图 3.2.5-6　图 3.2.5-7

2）侧靠轮

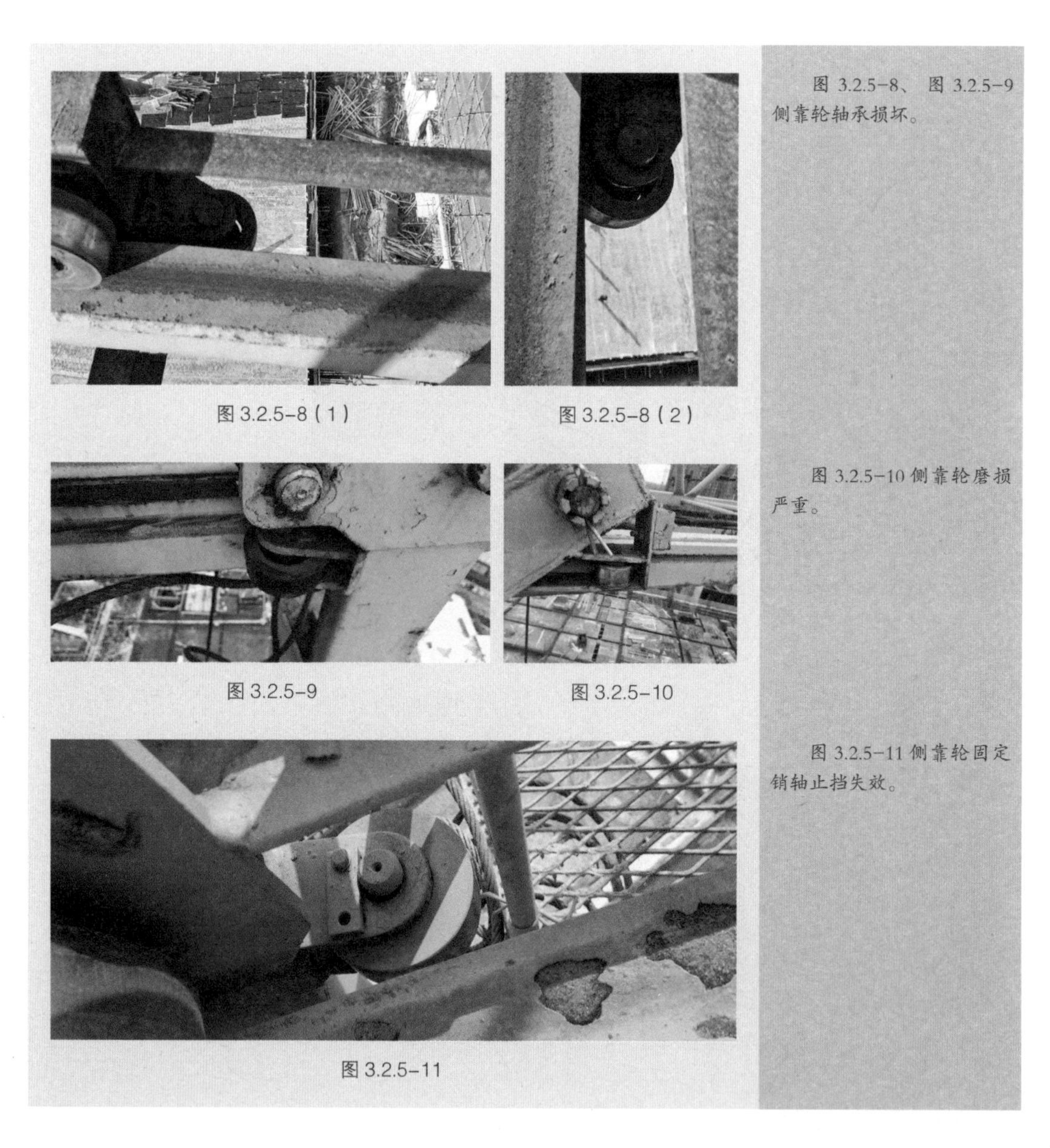

图 3.2.5-8（1）　图 3.2.5-8（2）

图 3.2.5-9　图 3.2.5-10

图 3.2.5-11

图 3.2.5-8、图 3.2.5-9 侧靠轮轴承损坏。

图 3.2.5-10 侧靠轮磨损严重。

图 3.2.5-11 侧靠轮固定销轴止挡失效。

3）其他

图 3.2.5-12
图 3.2.5-13
图 3.2.5-14
图 3.2.5-15

图 3.2.5-12、图 3.2.5-13 车轮止挡垫圈脱落。

图 3.2.5-14、图 3.2.5-15 车轮跑偏。

3.2.6 联轴器

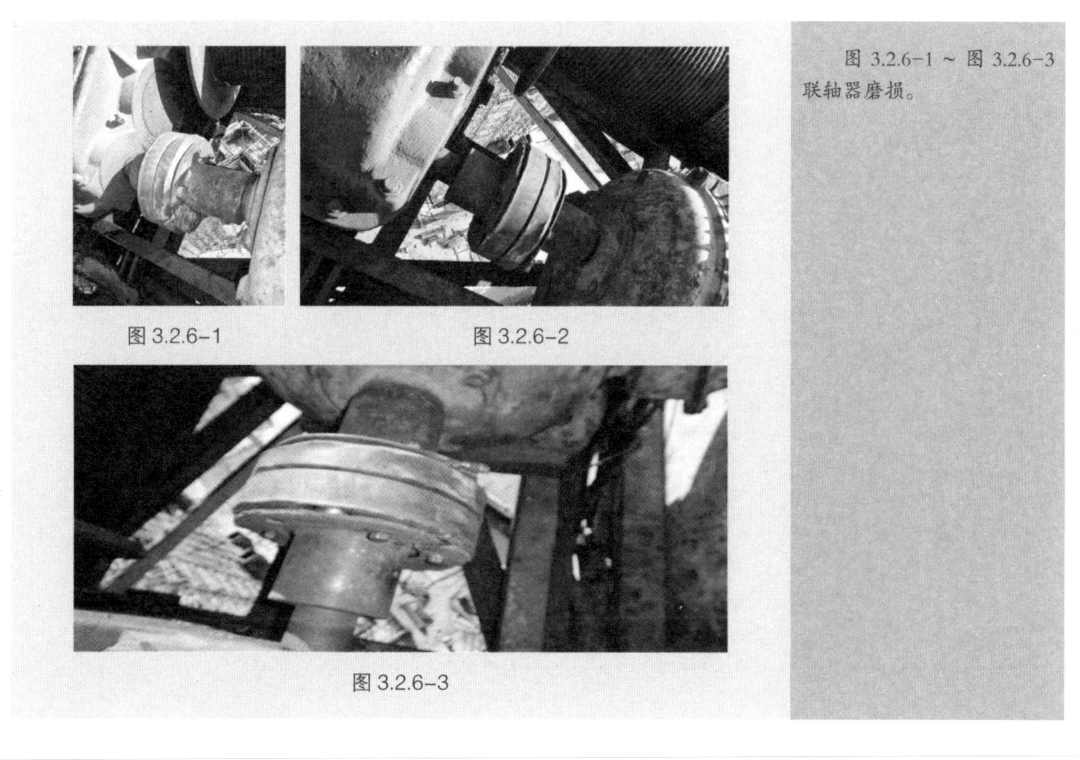
图 3.2.6-1
图 3.2.6-2
图 3.2.6-3

图 3.2.6-1 ~ 图 3.2.6-3 联轴器磨损。

第4章

安全装置

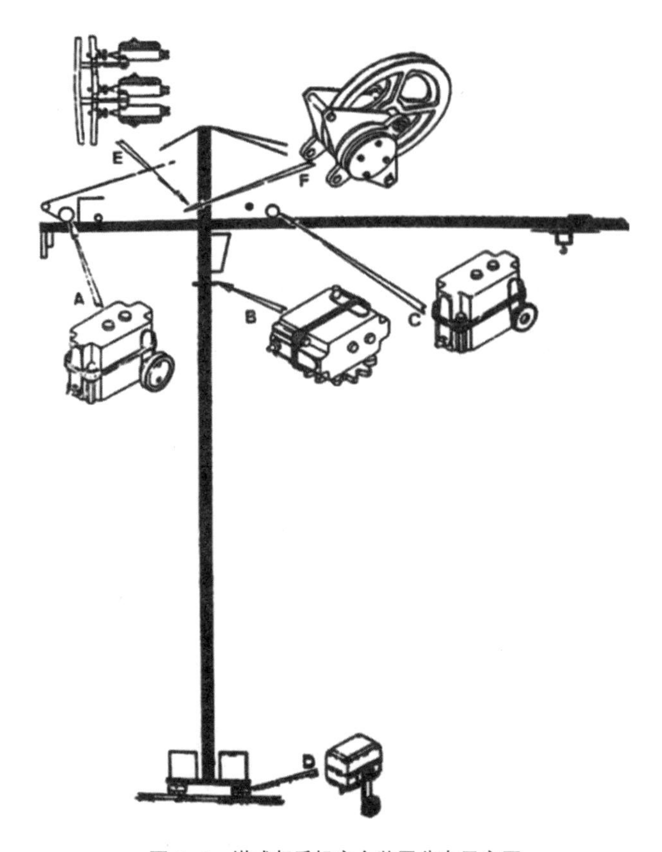

图 4-1　塔式起重机安全装置分布示意图

A 起升高度限位器　　B 回转限位器　　C 幅度限位器　　E 起重力矩限制器　　F 起重量限制器

安全装置主要有起重量限制器、起重力矩限制器、幅度限位器、起升高度限位器、回转限位器、小车断绳保护装置、小车防坠落装置、钢丝绳防脱装置、缓冲器及止挡装置、风速仪、障碍灯。

4.1　起重量限制器

4.1.1　相关标准条款

1）《塔式起重机》GB/T 5031-2019

5.6.6.4 当起重量大于最大额定起重量并小于 110% 额定起重量时，应停止上升方向动作，但应有下降方向动作。具有多挡变速的起升机构，限制器应对各挡位具有防止超载的作用。

5.6.6.5 在塔机达到额定起重力矩和 / 或额定起重量的 90% 以上时，应能向司机发出断续的声光报警。在塔机达到额定起重力矩和 / 或额定起重量的 100% 以上时，应能发出连续清晰的声光报警，且只有在降低到额定工作能力 100% 以内时报警才能停止。

2）《塔式起重机安全规程》GB 5144-2006

6.1.1 塔机应安装起重量限制器。如设有起重量显示装置，则其数值误差不应大于实际值的 ±5%。

6.1.2 当起重量大于相应挡位的额定值并小于该额定值的 110% 时，应切断上升方向的电源，但机构可做下降方向的运动。

4.1.2　相关隐患图片

1）规范的起重量限制器安装图

图 4.1-1

图 4.1-1 规范的起重量限制器安装图。

2）起重量限制器未接线

图 4.1-2

图 4.1-3

图 4.1-2 ~ 图 4.1-4 起重量限制器未接线。

图 4.1-4

3）起重量限制器接线不规范

图 4.1-5

图 4.1-6

图 4.1-5、图 4.1-6 接线不规范。

4.2 起重力矩限制器

4.2.1 相关标准条款

1）《塔式起重机》GB/T 5031-2019

5.6.6.1 当起重力矩大于相应幅度额定值并小于额定值 110% 时，应停止上升和向外变幅动作，但应有下降和内变幅动作。

5.6.6.2 力矩限制器控制定码变幅的触点和控制定幅变码的触点应分别设置，且能分别调整。

5.6.6.3 小车变幅的塔机，如最大变幅速度超过 40m/min，在小车向外运行，且起重力矩达到额定值的 80% 时，变幅速度应自动切换为不大于 40m/min 的速度运行。

防止塔式起重机起重力矩超出额定起重力矩，防止倒塔事故的发生。

2）《塔式起重机安全规程》GB 5144-2006

6.2.1 塔机应安装起重力矩限制器。如设有起重力矩显示装置，则其数值误差不应大于实际值的 ±5%。

6.2.2 当起重力矩大于相应工况下的额定值并小于该额定值的 110% 时，应切断上升和幅度增大方向的电源，但机构可做下降和减小幅度方向的运动。

6.2.3 力矩限制器控制定码变幅的触点或控制定幅变码的触点应分别设置，且能分别调整。

6.2.4 对小车变幅的塔机，其最大变幅速度超过 40m/min, 在小车向外运行，且起重力矩达到额定值的 80% 时，变幅速度应自动转换为不大于 40m/min 的速度运行。

4.2.2 相关隐患图片

1）定码变幅和定幅变码的触点未分别设置

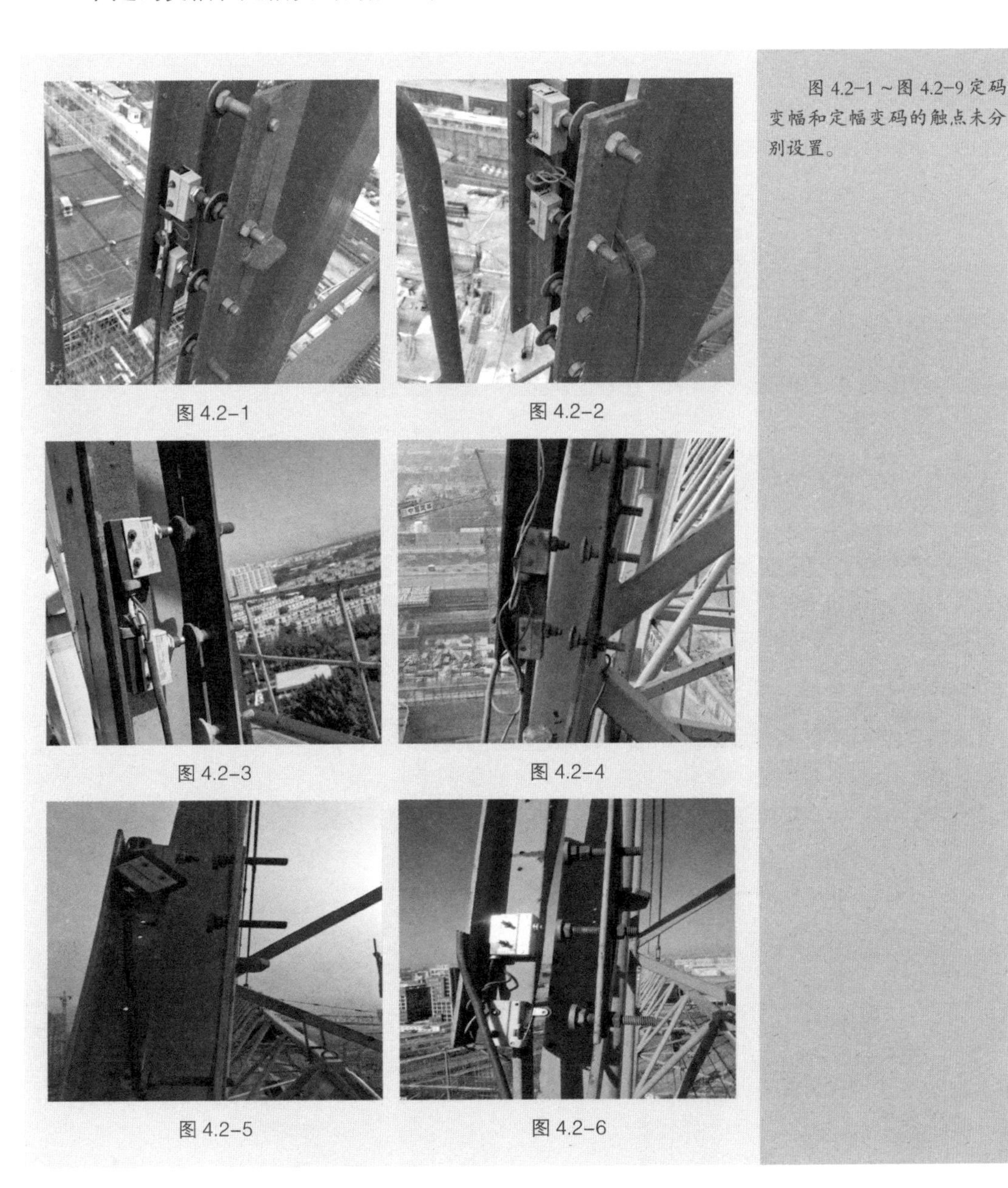

图 4.2-1　图 4.2-2　图 4.2-3　图 4.2-4　图 4.2-5　图 4.2-6

图 4.2-1 ~ 图 4.2-9 定码变幅和定幅变码的触点未分别设置。

图 4.2-7　图 4.2-8　图 4.2-9

2）预紧螺母松动

图 4.2-10 ~ 图 4.2-24 顶杆预紧螺母松动。

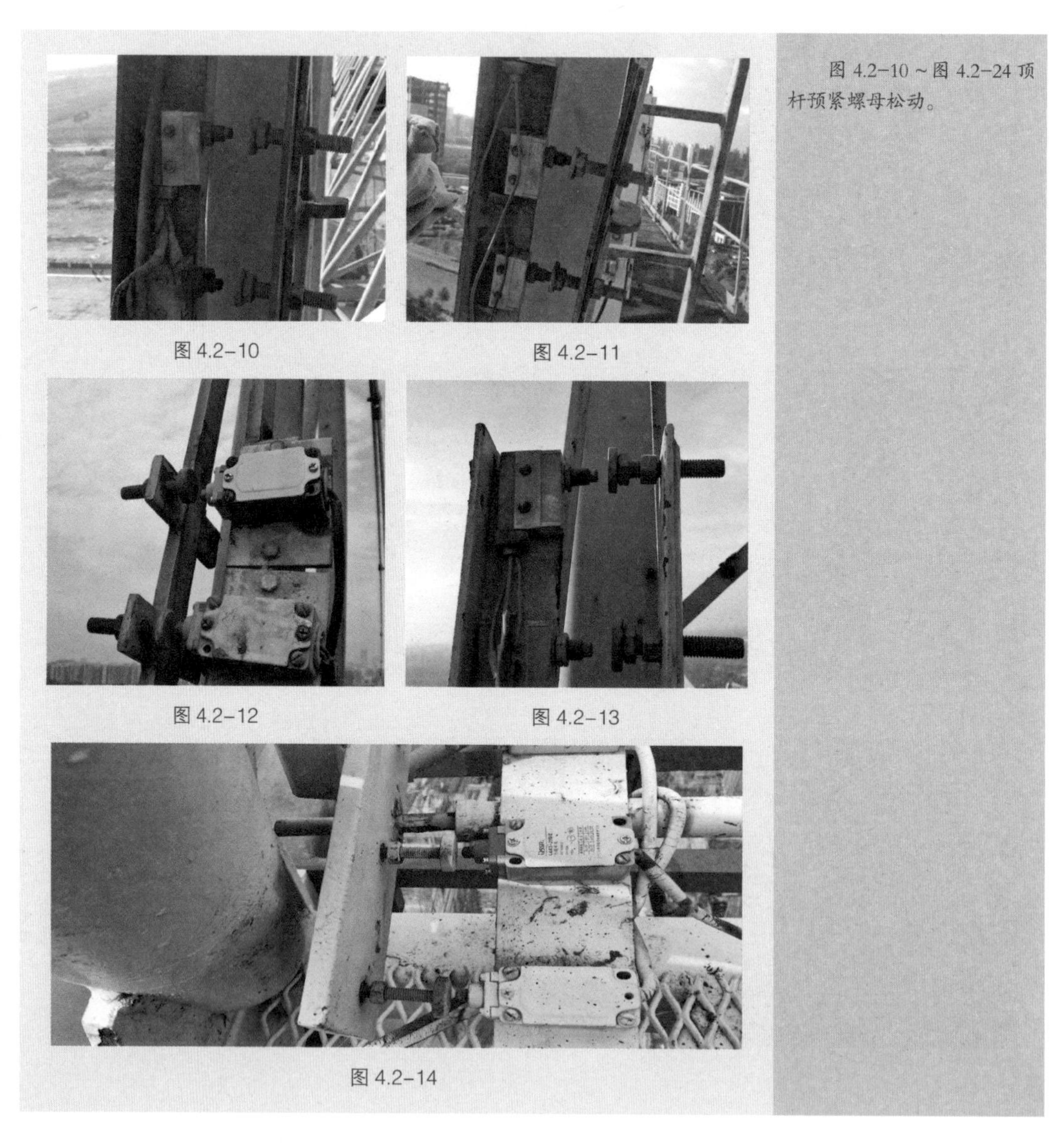

图 4.2-10　图 4.2-11

图 4.2-12　图 4.2-13

图 4.2-14

图 4.2-15

图 4.2-16

图 4.2-17

图 4.2-18

图 4.2-19

图 4.2-20

图 4.2-21

图 4.2-22

图 4.2-23

图 4.2-24

3）力矩限制器失效

图 4.2-25 ~ 图 4.2-32 力矩限制器触点失效。

图 4.2-25

图 4.2-26

图 4.2-27

图 4.2-28

图 4.2-29

图 4.2-30

图 4.2-31

图 4.2-32

图 4.2-33

图 4.2-34

图 4.2-35

图 4.2-36

图 4.2-37

图 4.2-38

图 4.2-33 ~ 图 4.2-40 人为导致力矩限制器失效。

图 4.2-39

图 4.2-40

4）力矩限制器接线不规范

图 4.2-41 ~ 图 4.2-45 接线乱。

图 4.2-41

图 4.2-42

图 4.2-43

图 4.2-44

图 4.2-46、图 4.2-47 力矩限制器未接线。

图 4.2-45

图 4.2-46

图 4.2-47

5）力矩限制器防护不规范

图 4.2-48

图 4.2-49

图 4.2-48、图 4.2-49 力矩限制器未安装防护罩。

图 4.2-50

图 4.2-51

图 4.2-50、图 4.2-51 力矩限制器防护不规范。

6）其他

图 4.2-52

图 4.2-53

图 4.2-54

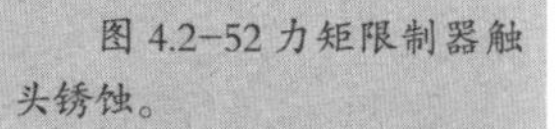

图 4.2-52 力矩限制器触头锈蚀。

图 4.2-53、图 4.2-54 力矩限制器被改装。

4.3 幅度限位器

4.3.1 相关标准条款

1)《塔式起重机》GB/T 5031-2019

5.6.2.1 动臂变幅的塔机，应设置幅度限位开关，在臂架到达相应的极限位置前开关动作，停止臂架继续往极限方向变幅。

5.6.2.2 小车变幅的塔机，应设置小车行程限位开关和终端缓冲装置。限位开关动作后应保证小车停车时其端部距缓冲装置最小距离为200mm。

2)《塔式起重机安全规程》GB 5144-2006

6.3.2.1 小车变幅的塔机，应设置小车行程限位开关。

4.3.2 相关隐患图片

1）安装规范的幅度限位装置

图 4.3-1

图 4.3-1 安装规范的幅度限位装置图。

2）变幅限位安全距离不足

图 4.3-2

图 4.3-2 ~ 图 4.3-10 小车端部与缓冲装置距离小于200mm。

图 4.3–3

图 4.3–4

图 4.3–5

图 4.3–6

图 4.3–7

图 4.3–8

图 4.3–9

图 4.3–10

3）幅度限位器安装不规范

图 4.3-11

图 4.3-12

图 4.3-11 幅度限位器安装不规范，铁丝捆绑。

图 4.3-12 幅度限位器安装不规范，绳捆绑。

图 4.3-13

图 4.3-13 幅度限位器安装不牢固。

4）幅度限位器接线不规范

图 4.3-14

图 4.3-15

图 4.3-14～图 4.3-21 幅度限位器接线不规范。

图 4.3-16

图 4.3-17

图 4.3-18

图 4.3-19（1）

图 4.3-19（2）

图 4.3-20

图 4.3-21

4.4　起升高度限位器

4.4.1　相关标准条款

1)《塔式起重机》GB/T 5031-2019

5.6.1.1 动臂变幅的塔机，当吊钩装置顶部升至对应位置起重臂下端的最小距离为800mm 处时，应能立即停止起升运动，但应有下降运动。对没有变幅重物平移功能的动臂变幅的塔机，还应同时切断向外变幅控制回路电源。

5.6.1.2 小车变幅的塔机，吊钩装置顶部升至小车架下端的最小距离为 800mm 处时，应能立即停止起升运动，但应有下降运动。

5.6.1.3 所有型式塔机，当钢丝绳松弛可能造成卷筒乱绳或反卷时应设置下限位器，在吊钩不能再下降或卷筒上钢丝绳只剩 3 圈时应能立即停止下降运动。

2)《塔式起重机安全规程》GB 5144-2006

6.3.3.1 塔机应安装吊钩上极限位置的起升高度限位器。

6.3.3.2 吊钩下极限位置的限位器，可根据用户要求设置。

4.4.2　相关隐患图片

1) 起升高度限位安全距离不足

图 4.4-1　图 4.4-2　图 4.4-3　图 4.4-4

图 4.4-1 ~ 图 4.4-16 吊钩装置顶部至小车架下端的最小距离不符合标准规定。

图 4.4-5

图 4.4-6

图 4.4-7

图 4.4-8

图 4.4-9

图 4.4-10

图 4.4-11

图 4.4-12

图 4.4-13　图 4.4-14

图 4.4-15　图 4.4-16

2）起升高度限位器安装不规范

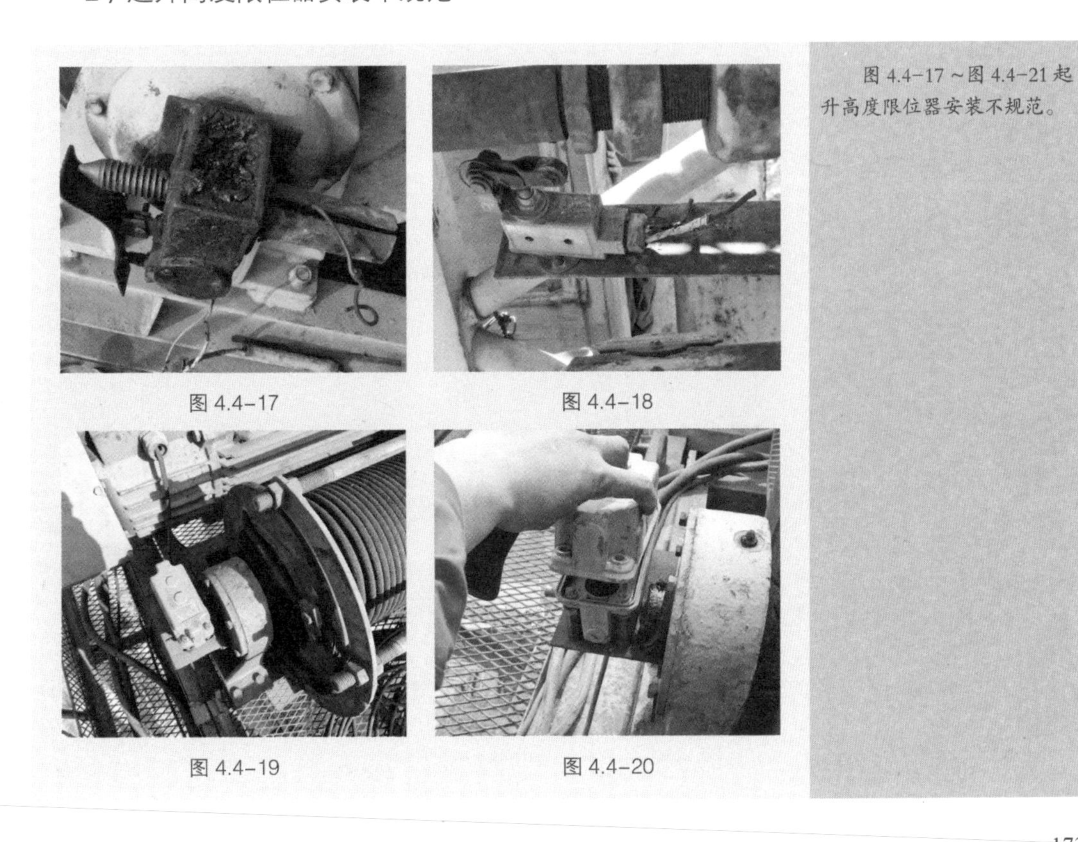
图 4.4-17　图 4.4-18

图 4.4-19　图 4.4-20

图 4.4-17 ~图 4.4-21 起升高度限位器安装不规范。

图 4.4-21

4.5 回转限位器

4.5.1 相关标准条款

1)《塔式起重机》GB/T 5031-2019

5.6.4 回转限位器

回转处不设集电器供电的塔机，应设置正反两个方向回转限位开关，开关动作时臂架旋转角度应不大于 ±540°。

2)《塔式起重机安全规程》GB 5144-2006

6.3.4 回转限位器

回转部分不设集电器的塔机，应安装回转限位器。塔机回转部分在非工作状态下应能自由旋转；对有自锁作用的回转机构，应安装安全极限力矩联轴器。

4.5.2 相关隐患图片

1）回转限位器通齿轮缺失

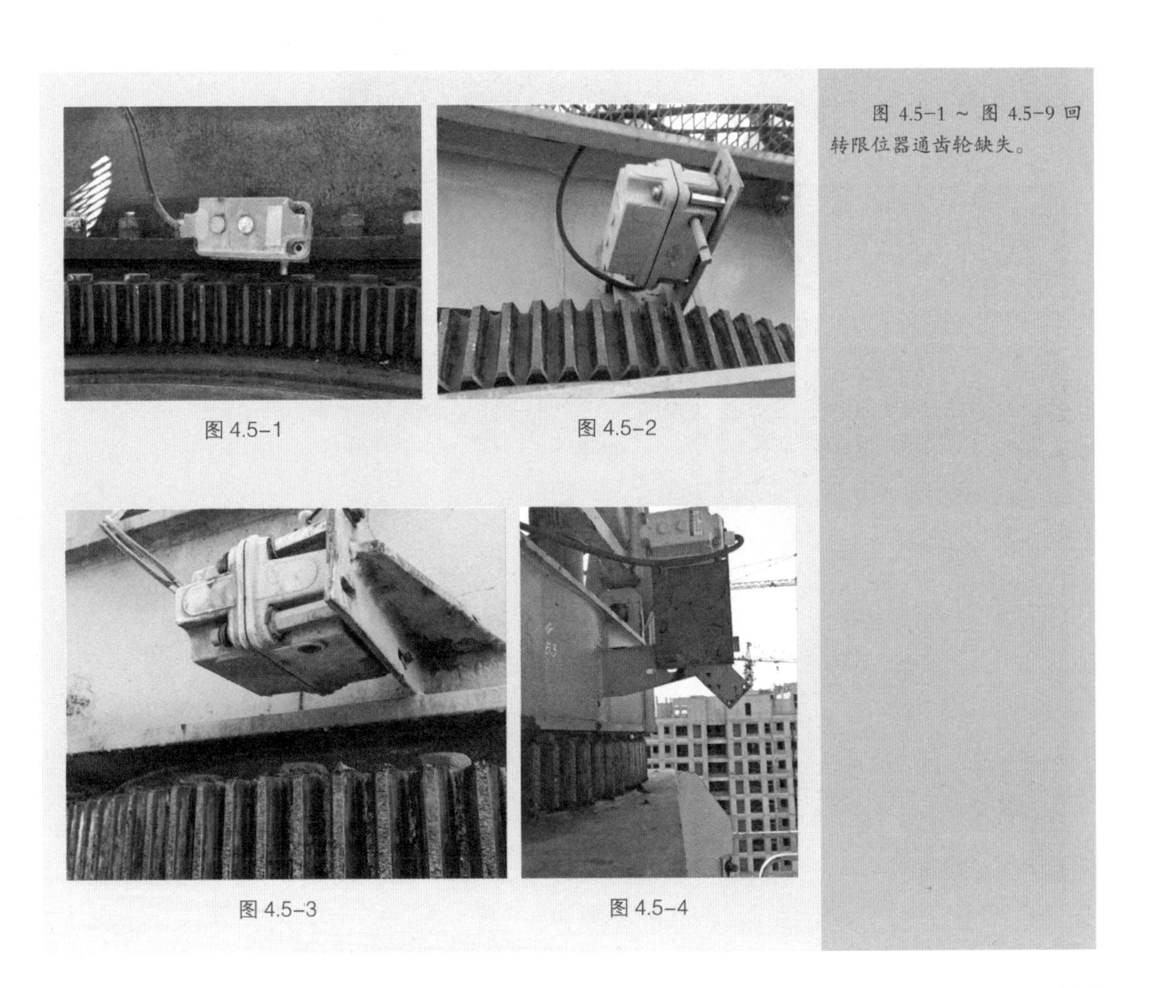

图 4.5-1

图 4.5-2

图 4.5-3

图 4.5-4

图 4.5-1 ~ 图 4.5-9 回转限位器通齿轮缺失。

图 4.5-5

图 4.5-6

图 4.5-7

图 4.5-8

图 4.5-9

图 4.5-10

图 4.5-10 通齿轮缺失、回转限位盖缺失。

图 4.5-11

图 4.5-12

图 4.5-11、图 4.5-12 通齿轮缺失、回转限位器固定不牢。

2）通齿轮与回转齿圈未有效啮合

图 4.5-13　图 4.5-14　图 4.5-15

图 4.5-16　图 4.5-17

图 4.5-18　图 4.5-19

图 4.5-13 ~ 图 4.5-19 通齿轮与回转齿圈未有效啮合。

3）回转限位器接线不规范

图 4.5-20

图 4.5-21

图 4.5-20 ~ 图 4.5-23 回转限位器接线不规范。

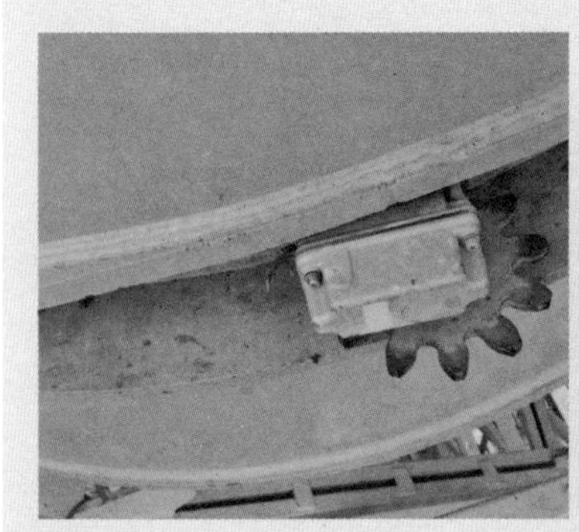

图 4.5-22

图 4.5-23

4）其他

图 4.5-24

图 4.5-25

图 4.5-24 回转限位器固定不牢。

图 4.5-25 回转限位器缺失。

4.6 小车断绳保护装置

4.6.1 相关标准条款

1）《塔式起重机》GB/T 5031-2019

5.6.7 小车断绳保护装置

小车变幅塔机应设置双向小车变幅断绳保护装置。

2）《塔式起重机安全规程》GB 5144-2006

6.4 小车断绳保护装置

小车变幅的塔机，变幅的双向均应设置断绳保护装置。

4.6.2 相关隐患图片

1）断绳保护装置未有效安装

图 4.6-1

图 4.6-2

图 4.6-1、图 4.6-2 断绳保护装置未有效安装。

2）断绳保护装置捆绑失效

图 4.6-3

图 4.6-4

图 4.6-3 ~ 图 4.6-17 铁丝捆绑断绳保护装置。

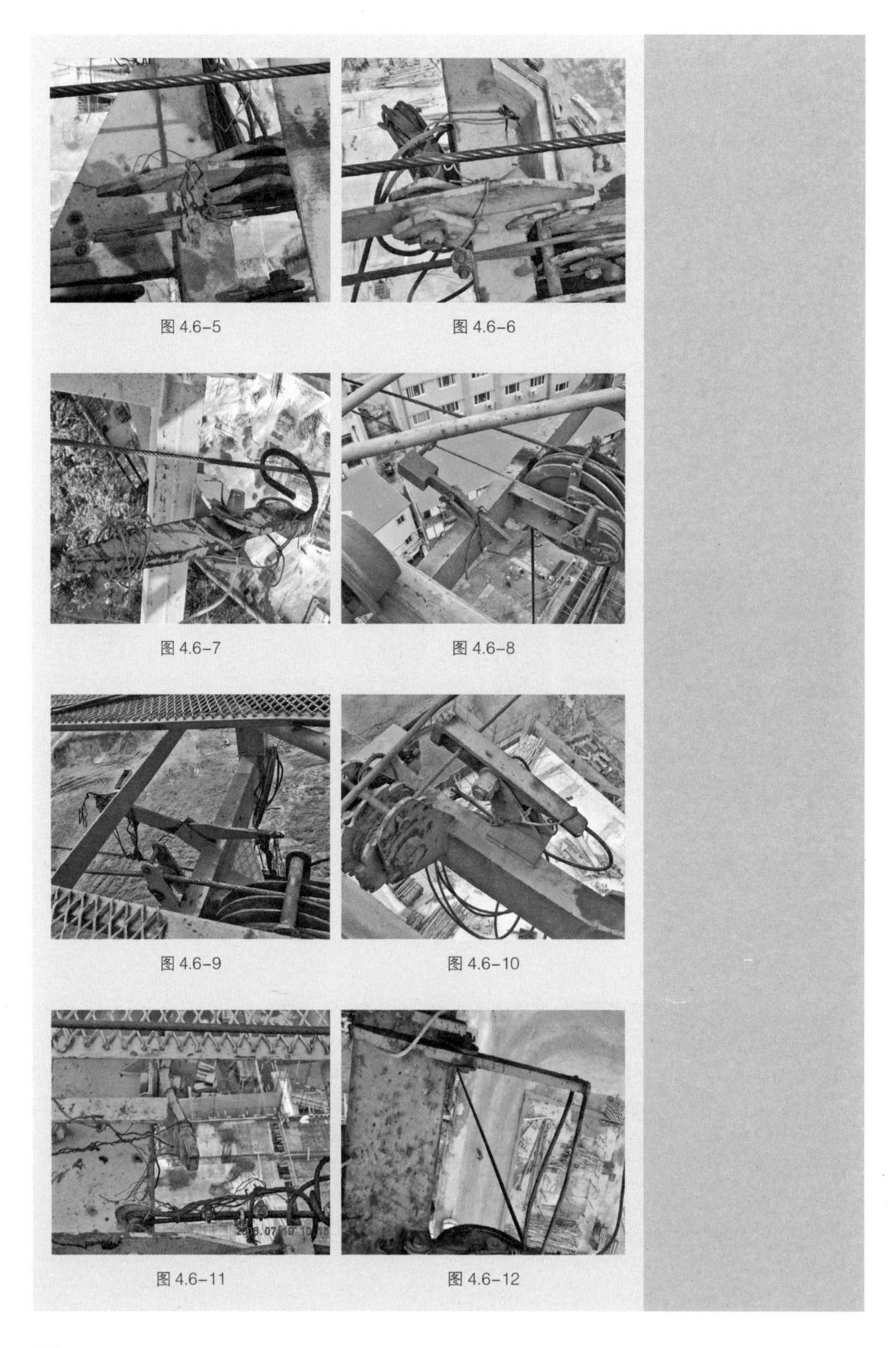

图 4.6-5

图 4.6-6

图 4.6-7

图 4.6-8

图 4.6-9

图 4.6-10

图 4.6-11

图 4.6-12

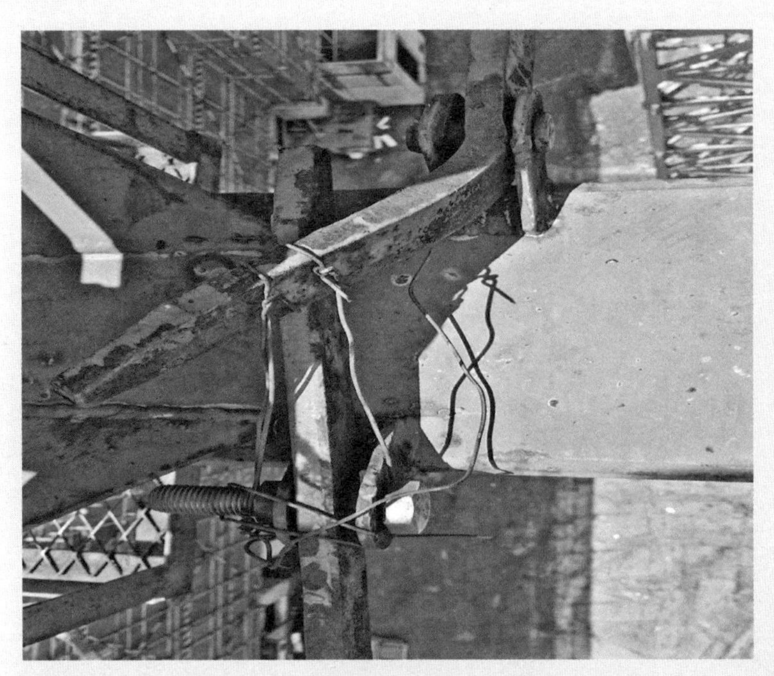

图 4.6-13

图 4.6-14

图 4.6-15

图 4.6-16

图 4.6-17

3）断绳保护装置变形

图 4.6-18～图 4.6-24 断绳保护装置变形。

图 4.6-18

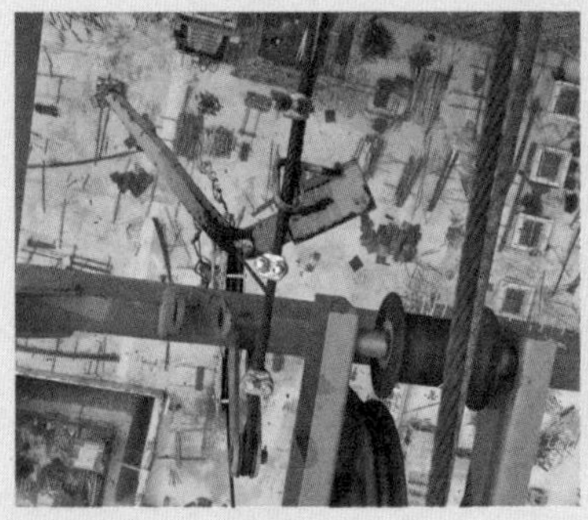

图 4.6-19

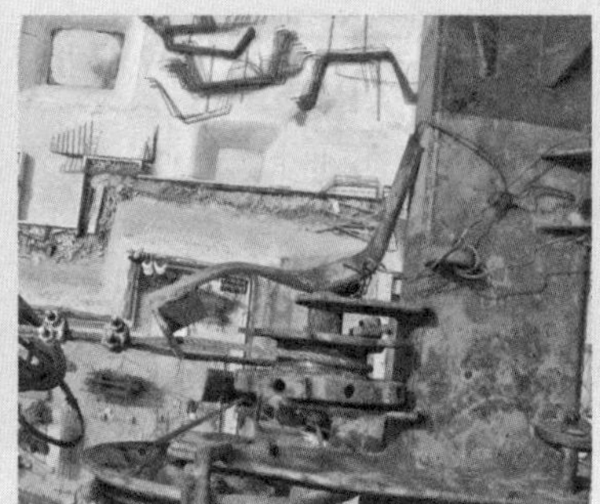

图 4.6-20

图 4.6-21

图 4.6-22

图 4.6-23

图 4.6-24

4）其他

图 4.6-25

图 4.6-26

图 4.6-25 断绳保护装置支架变形。

图 4.6-26 固定销轴开口销用铁丝代替。

4.7 小车防坠落装置

4.7.1 相关标准条款

1）《塔式起重机》GB/T 5031-2019

5.6.8 小车防坠落装置

小车轮应有轮缘或设有水平导向轮以防止小车脱离臂架。

变幅牵引力使小车有偏转趋势时，小车轮应无轮缘并设有水平导向轮。

应设置小车防坠落装置，即使车轮失效小车也不得脱离臂架坠落，装置应在失效点下坠 10mm 前作用。

2.《塔式起重机安全规程》GB 5144-2006

6.5 小车断轴保护装置

小车变幅的塔机，应设置变幅小车断轴保护装置，即使轮轴断裂，小车也不会掉落。

4.7.2 相关隐患图片

小车防坠落装置缺失

图 4.7-1

图 4.7-2

图 4.7-3

图 4.7-4

图 4.7-1 ~ 图 4.7-7 小车防坠落装置缺失。

图 4.7–5

图 4.7–6

图 4.7–7

4.8 钢丝绳防脱装置

4.8.1 相关标准条款

1)《塔式起重机》GB/T 5031-2019

5.6.10 钢丝绳防脱装置

起升与变幅滑轮的入绳和出绳切点附近、起升卷筒及动臂变幅卷筒均应设有钢丝绳防脱装置，该装置表面与滑轮或卷筒侧板外缘间的间隙不应超过钢丝绳直径的 20%，装置应有足够的刚度，可能与钢丝绳接触的表面不应有棱角。

卷扬机驱动的自行架设塔机架设绳轮系统，滑轮组间钢丝绳采用交叉 8 字形穿绕时可不设钢丝绳防脱装置。

2)《塔式起重机安全规程》GB 5144-2006

6.6 钢丝绳防脱装置

滑轮、起升卷筒及动臂变幅卷筒均应设有钢丝绳防脱装置，该装置与滑轮或卷筒侧板最外缘的间隙不应超过钢丝绳直径的 20%。

吊钩应设有防钢丝绳脱钩的装置。

4.8.2 相关隐患图片

图 4.8-1

图 4.8-1 钢丝绳防脱装置安装示意图。

1）钢丝绳防脱装置缺失

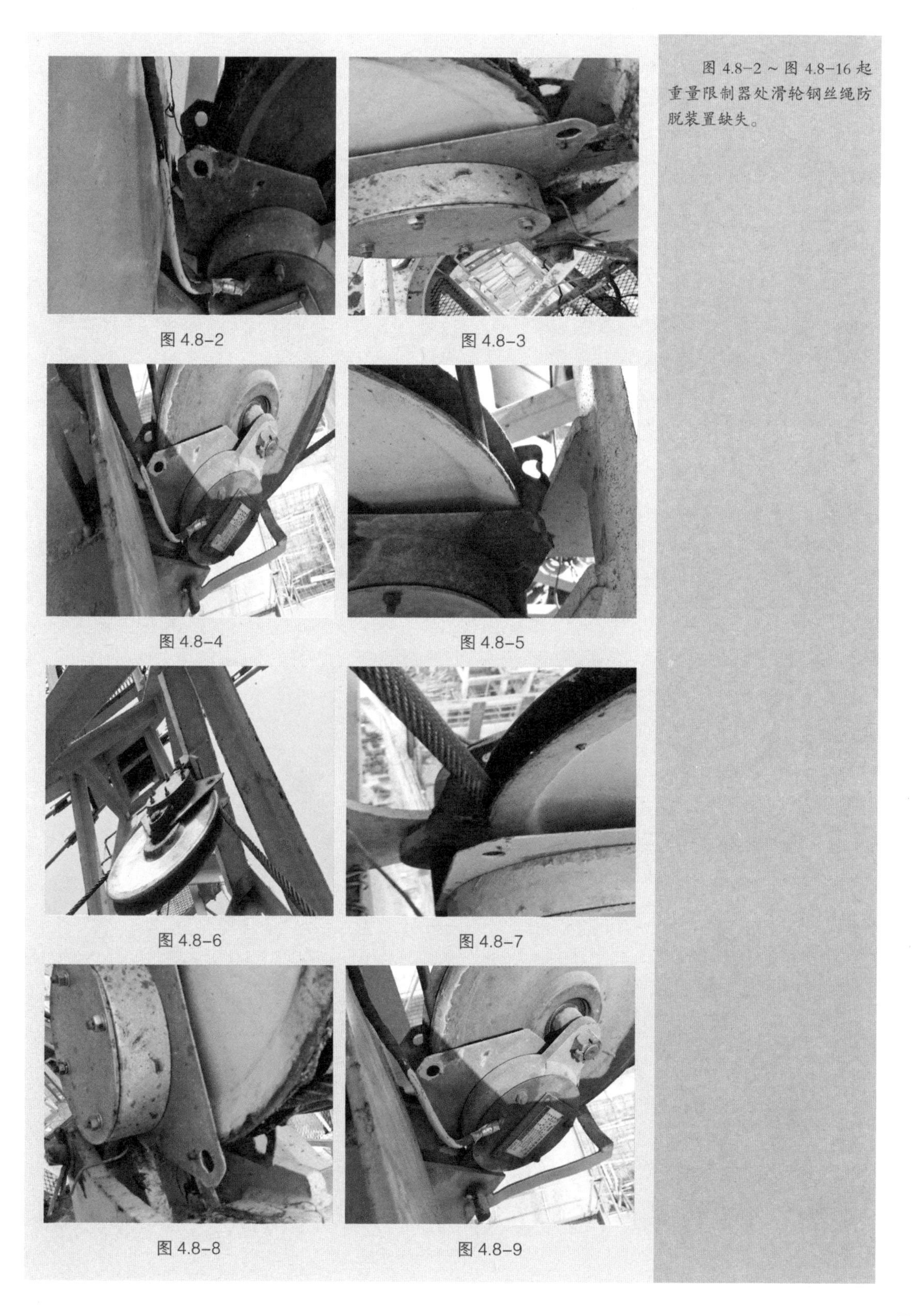

图 4.8-2

图 4.8-3

图 4.8-4

图 4.8-5

图 4.8-6

图 4.8-7

图 4.8-8

图 4.8-9

图 4.8-2 ~ 图 4.8-16 起重量限制器处滑轮钢丝绳防脱装置缺失。

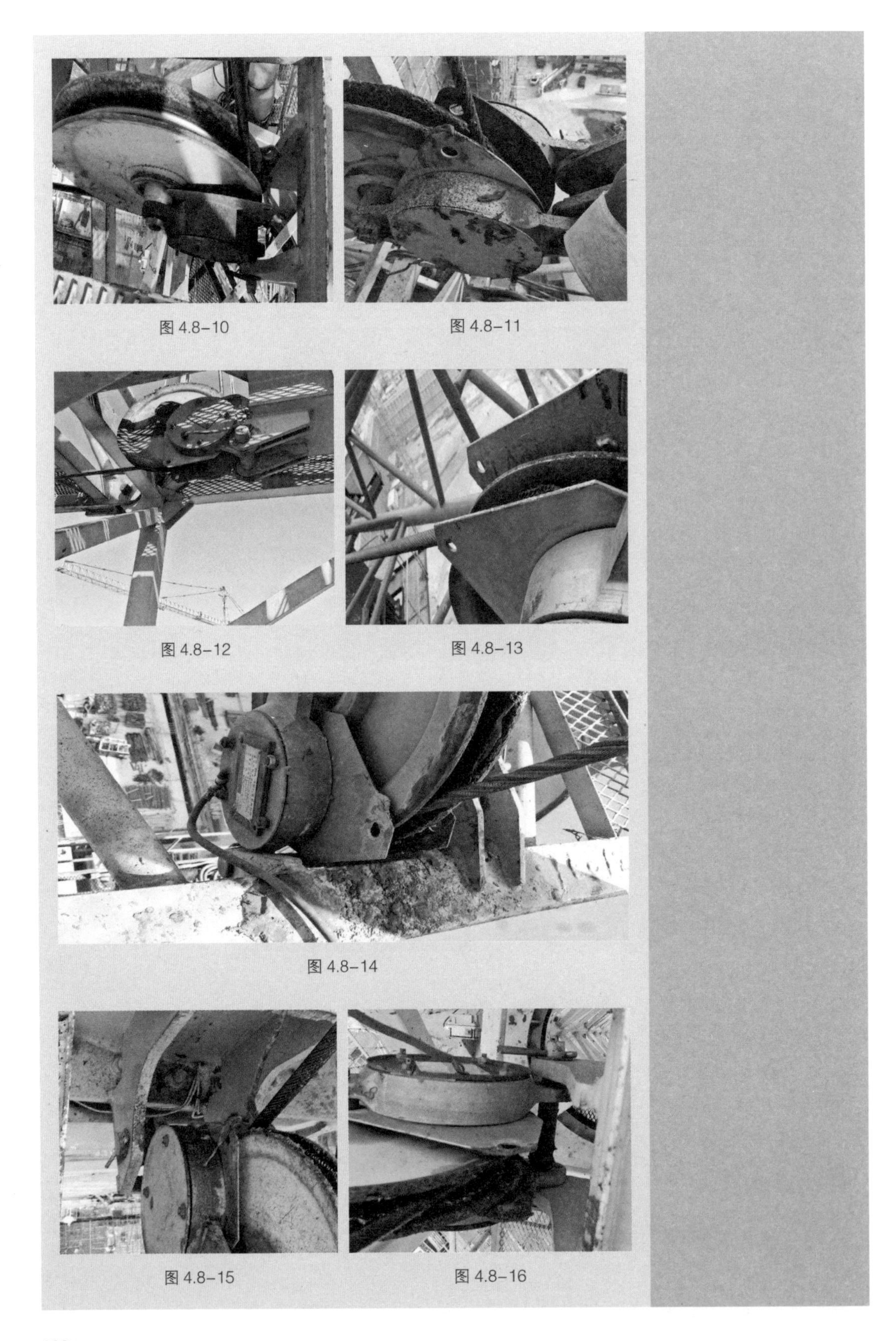

图 4.8-10

图 4.8-11

图 4.8-12

图 4.8-13

图 4.8-14

图 4.8-15

图 4.8-16

图 4.8-17　图 4.8-18　图 4.8-19　图 4.8-20　图 4.8-21　图 4.8-22　图 4.8-23　图 4.8-24

图 4.8-17 ~ 图 4.8-33 起升及变幅滑轮处钢丝绳防脱装置缺失。

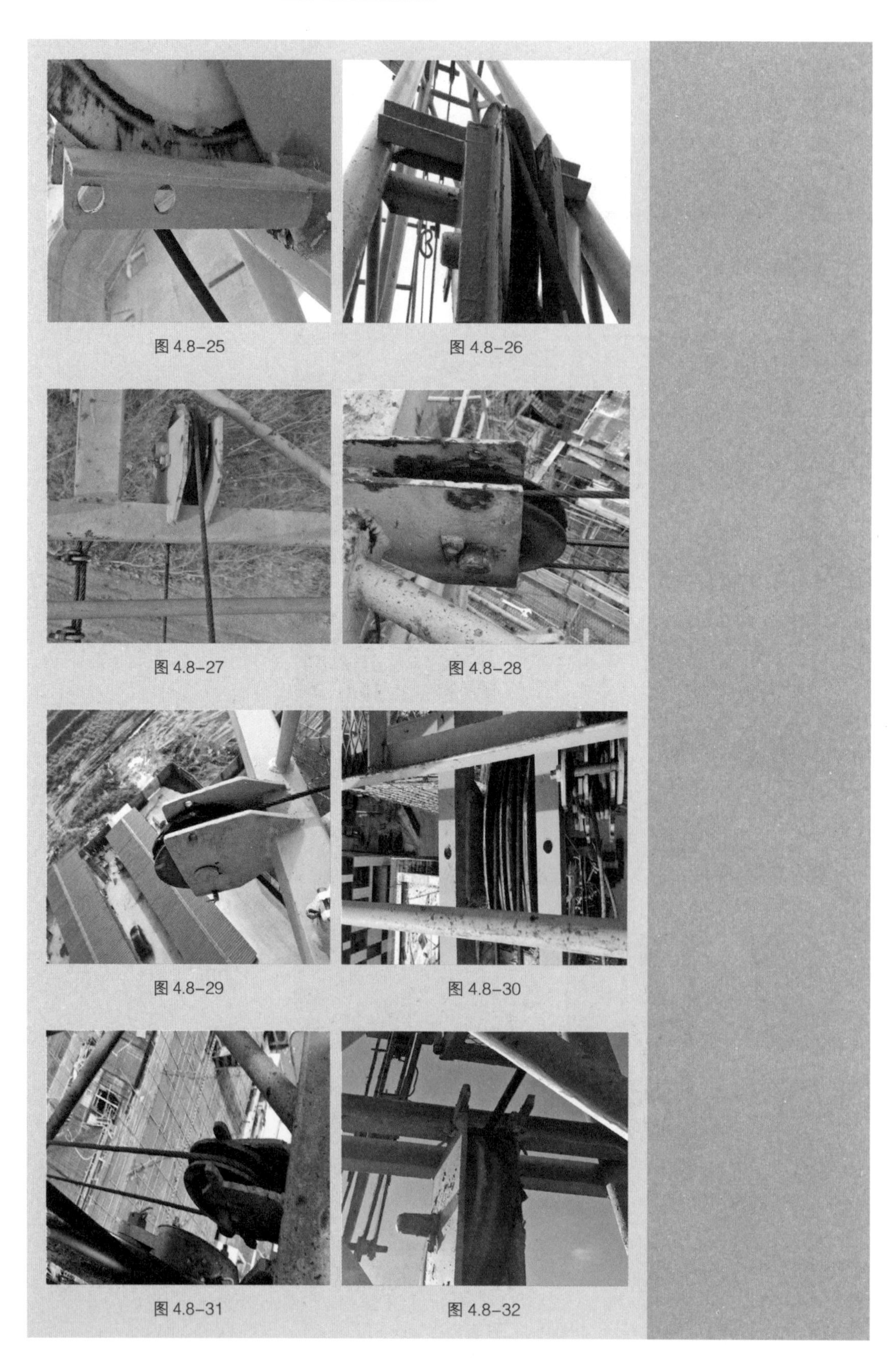

图 4.8-25

图 4.8-26

图 4.8-27

图 4.8-28

图 4.8-29

图 4.8-30

图 4.8-31

图 4.8-32

图 4.8-33

图 4.8-34

图 4.8-35

图 4.8-34 ~ 图 4.8-35 起升卷筒排绳轮防脱槽装置缺失。

图 4.8-36

图 4.8-37

图 4.8-38

图 4.8-39

图 4.8-36 ~ 图 4.8-41 滑轮处钢丝绳防脱装置缺失或失效，导致钢丝绳脱出。

图 4.8-40　　图 4.8-41

2）钢丝绳防脱装置与滑轮外缘间的间隙不符合要求

图 4.8-42　　图 4.8-43

图 4.8-44　　图 4.8-45

图 4.8-46　　图 4.8-47

图 4.8-42 ~ 图 4.8-52 钢丝绳防脱装置与滑轮外缘间的间隙不符合要求。

图 4.8-48

图 4.8-49

图 4.8-50

图 4.8-51

图 4.8-52

3）钢丝绳防脱装置断裂

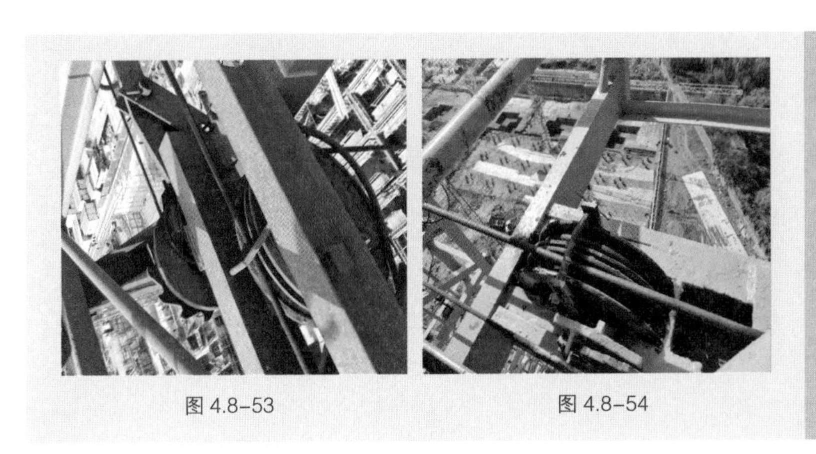

图 4.8-53

图 4.8-54

图 4.8-53～图 4.8-57 钢丝绳防脱装置变形。

图 4.8-55

图 4.8-56

图 4.8-57

图 4.8-58

图 4.8-59

图 4.8-60

图 4.8-61

图 4.8-58 ~ 图 4.8-61 钢丝绳防脱装置开焊、断裂失效。

4）钢丝绳防脱装置安装不规范

图 4.8-62

图 4.8-63

图 4.8-64

图 4.8-65

图 4.8-66

图 4.8-67

图 4.8-68

图 4.8-69

图 4.8-62 ~图 4.8-70 钢丝绳防脱装置用开口销（或钢筋）代替。

图 4.8-70

图 4.8-71

图 4.8-72

图 4.8-71、图 4.8-72 钢丝绳防脱装置未有效固定。

4.9 风速仪

4.9.1 相关标准规定

1)《塔式起重机》GB/T 5031-2019

5.6.13 风速仪

除起升高度低于 30m 的自行架设塔机外，塔机应配备风速仪，当风速大于工作允许风速时，应能发出停止作业的警报。

2)《塔式起重机安全规程》GB 5144-2006

6.7 风速仪

起重臂根部铰点高度大于 50m 的塔机，应配备风速仪。当风速大于工作极限风速时，应能发出停止作业的警报。

风速仪应设在塔机顶部的不挡风处。

图 4.9-1

4.10 缓冲器、止挡装置

4.10.1 相关标准规定

GB 5144-2006《塔式起重机安全规程》

6.9 缓冲器、止挡装置

塔机行走和小车变幅的轨道行程末端均需设置止挡装置。缓冲器安装在止挡装置或塔机（变幅小车）上，当塔机（变幅小车）与止挡装置撞击时，缓冲器应使塔机（变幅小车）较平稳地停车而不产生猛烈的冲击。

4.10.2 相关隐患图片

图 4.10-1

图 4.10-1 止挡装置、缓冲器安装示意图。

1）缓冲垫缺失

图 4.10-2

图 4.10-3

图 4.10-2 ~ 图 4.10-10 缓冲垫缺失。

图 4.10-4　图 4.10-5　图 4.10-6

图 4.10-7　图 4.10-8

图 4.10-9　图 4.10-10

2）缓冲垫损坏

图 4.10-11　图 4.10-12

图 4.10-11 ~图 4.10-15 缓冲垫损坏。

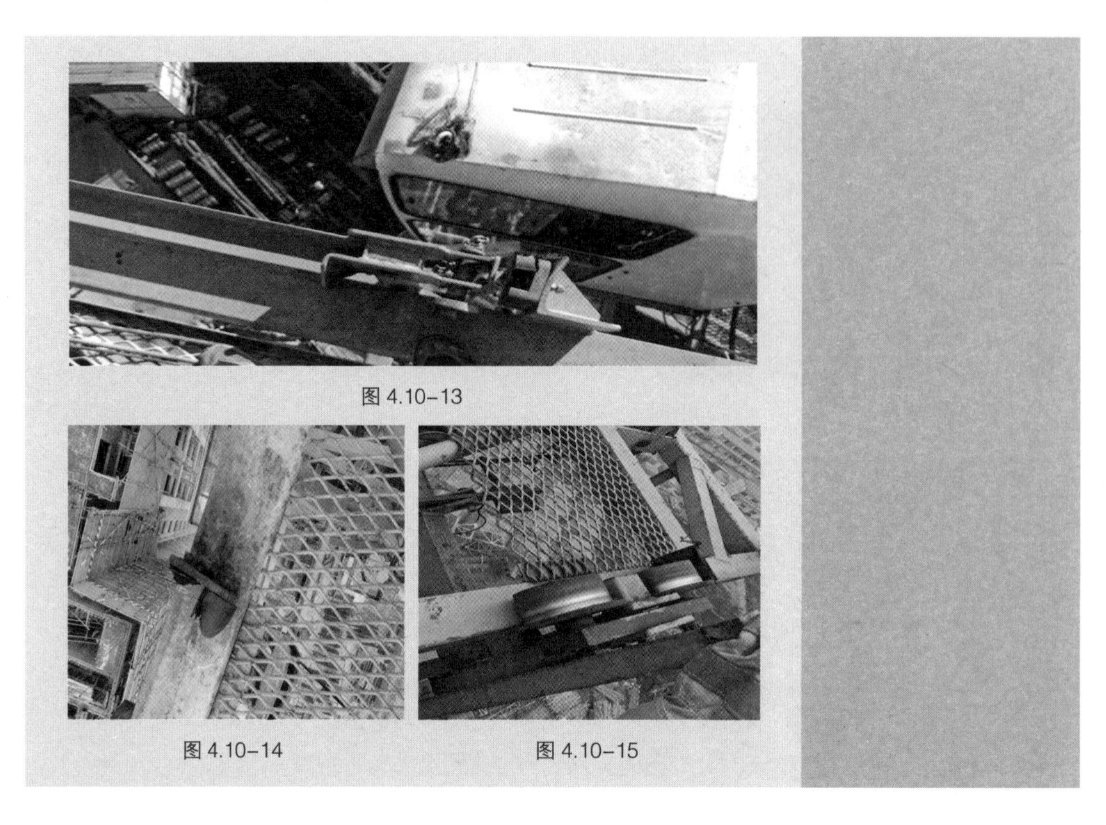

图 4.10-13

图 4.10-14

图 4.10-15

3）止挡装置固定不牢

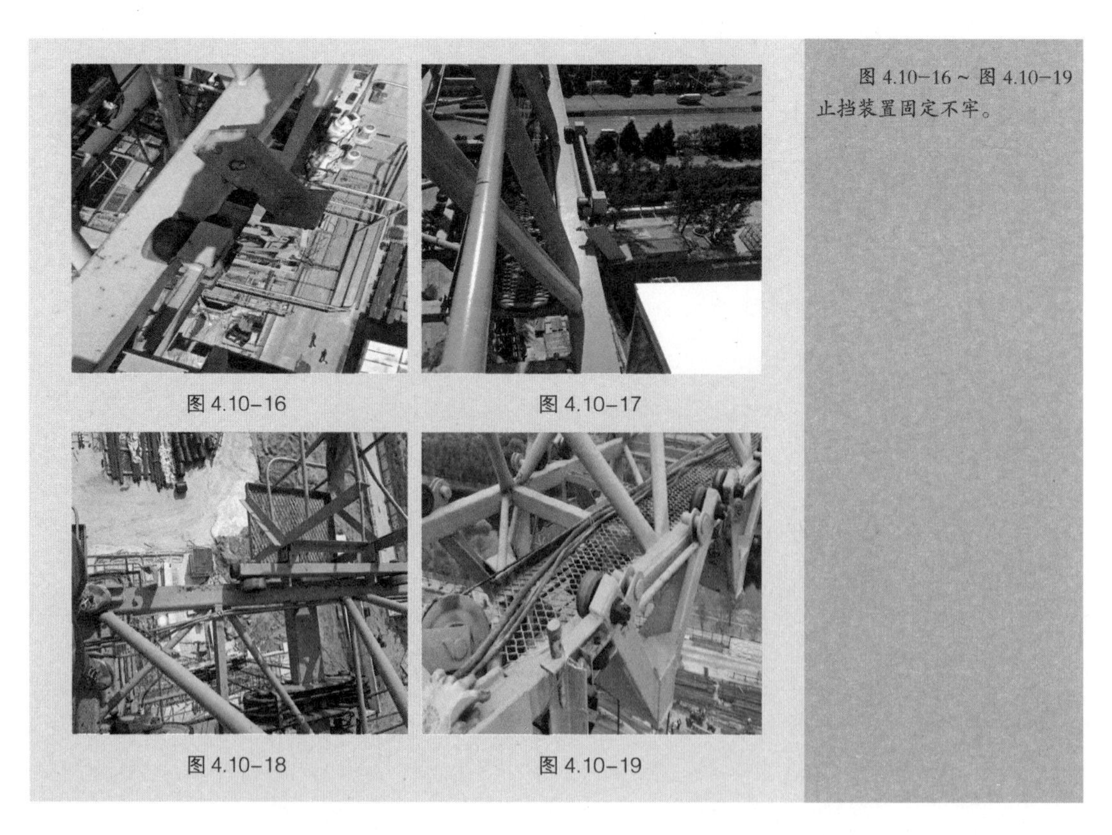

图 4.10-16

图 4.10-17

图 4.10-18

图 4.10-19

图 4.10-16 ~ 图 4.10-19 止挡装置固定不牢。

第5章

电气系统

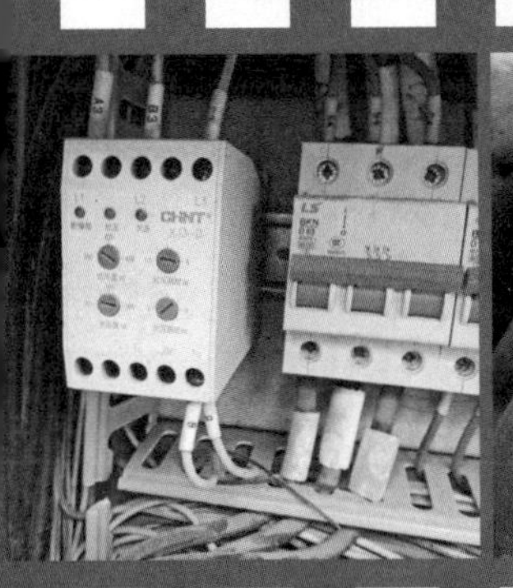

5.1 相关标准条款

1）《塔式起重机》GB/T 5031-2019

5.5.2.1 凡无特殊要求的塔机，采用 380V、50Hz 的三相交流电源。在正常工作条件下，供电系统在塔机馈电线接入处的电压波动应不超过额定值的 ±10%。根据用户的特殊要求也可以采用其他参数的三项交流电源，电源的容量及压降应满足整机工作的要求。

5.5.2.2 总电源回路应设置总断路器。总断路器应具有电磁脱扣功能，其额定电流应大于塔机额定工作电流，电磁脱扣电流整定值应大于塔机最大工作电流并符合整定要求。总断路器的断弧能力应能断开在塔机上发生的短路电流。

5.5.2.3 应采用 TN-S 接零保护系统供电。工作零线应与塔机的接地线（保护零线）严格分开。

5.5.2.6 沿塔身垂直悬挂的电缆应使用电缆网套或其他装置悬挂，其挂点数量应根据电缆的规格、型号、长度及塔机工作环境确定，保证电缆在使用中不被损坏。

5.5.2.7 电缆需接长时，应采用中间接线盒，接线盒的防护等级应不低于 IP44。

5.5.5.3 错相与缺相保护

电源电路中应设有错相与缺相保护装置。

5.5.5.4 零位保护

塔机各机构控制回路应设有零位保护。初始供电以及运行中因故障或失压停止运行后重新恢复供电时，机构应不能自行动作，只有控制装置置零位后，机构才能重新启动。

5.5.5.5 失压保护

当塔机供电电源中断后，凡涉及安全或不宜自动开启的用电设备均应处于断电状态，避免恢复供电时用电设备自动启动。

5.5.5.6 欠压与过压保护

应设置欠压与过压保护装置，当电压低于 85% 或高于 110% 额定电压时，装置应发出报警或自动切断电源电路。

5.5.5.7 紧急停止

司机操作位置处应设置紧急停止按钮，在紧急情况下能方便切断塔机控制系统电源。紧急停止按钮应为红色非自动复位式。

5.5.6.1 司机室应有照明设施，照度不应低于 30lx。照明电路电压应不大于 250V，在司机室主电气线路被切断时，照明设施应能正常工作。

5.5.6.2 塔顶高于 30m 的塔机，其最高点及臂端应安装红色障碍指示灯，指示灯的供电应不受停机影响。

5.5.7.1 司机室用取暖、降温设备应采用单独电源供电。选用冷暖风机时应选用防护式，并固定安装、外壳接地。

2)《塔式起重机安全规程》GB 5144-2006

8.1.4 电气设备安装应牢固。需要防震的电器应有防震措施。

8.1.5 电气连接应接触良好，防止松脱。导线、线束应用卡子固定，以防摆动。

8.1.6 电气柜（配电箱）应有门锁。门内应有原理图或布线图、操作指示等，门外应有警示标志。

8.2.1 电气控制设备和元件应置于柜内，能防雨、防灰尘。电阻器应设于操作人员不易接触的地方，并有防护措施。

8.3.1 塔机应根据 GB/T 13752 中要求设置短路、过流、欠压、过压及失压保护、零位保护、电源错相及断相保护。

8.4.5 塔顶高度大于 30m 且高于周围建筑物的塔机，应在塔顶和臂架端部安装红色障碍指示灯，该指示灯的供电不应受停机的影响。

8.5.3 导线的连接及分支处的室外接线盒应防水，导线孔应有护套。

8.5.4 导线两端应有与原理图一致的永久性标志和供连接用的电线接头。

8.5.5 固定敷设的电缆弯曲半径不应小于 5 倍电缆外径。除电缆卷筒外，可移动电缆的弯曲半径不应小于 8 倍电缆外径。

3)《施工现场临时用电安全技术规范》JGJ 46-2005

1.0.3 建筑施工现场临时用电工程专用的电源中性点直接接地的 220/380V 三相四线制低压电力系统，必须符合下列规定：

1 采用三级配电系统；

2 采用 TN-S 接零保护系统；

3 采用二级漏电保护系统。

5.1.4 在 TN 接零保护系统中，PE 零线应单独敷设。重复接地线必须与 PE 线相连接，严禁与 N 线相连接。

6.1.4.10 配电室的建筑物和构筑物的耐火等级不低于 3 级，室内配置砂箱和可用于扑灭电气火灾的灭火器；

6.1.9 配电室应保持整洁，不得堆放任何妨碍操作、维修的杂物。

8.1.6 配电箱、开关箱周围应有足够 2 人同时工作的空间和通道，不得堆放任何妨碍操作、维修的物品，不得有灌木、杂草。

8.1.10 配电箱、开关箱内的电器（含插座）应按其规定位置紧固在电器安装板上，不得歪斜和松动。

8.1.17 配电箱、开关箱外形结构应能防雨、防尘。

8.2.1 配电箱、开关箱内的电器必须可靠、完好，严禁使用破损、不合格的电器。

5.2 相关隐患图片

1）PE 线未连接

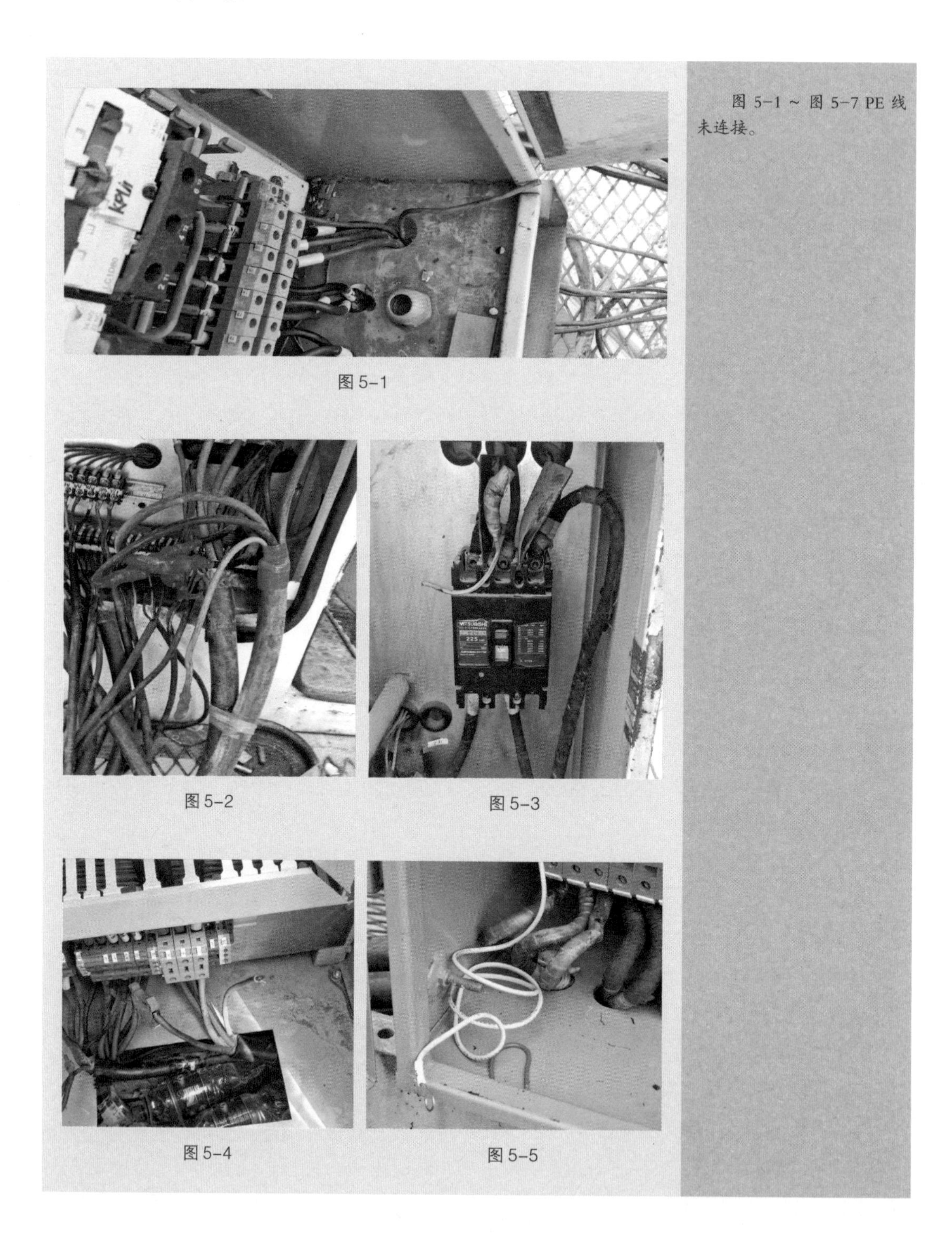

图 5-1

图 5-2

图 5-3

图 5-4

图 5-5

图 5-1 ~ 图 5-7 PE 线未连接。

图 5-6

图 5-7

2）N 线未连接

图 5-8

图 5-9

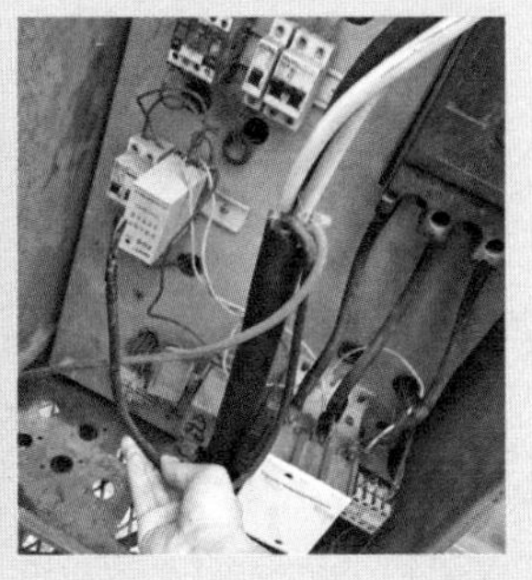

图 5-10

图 5-8 ~ 图 5-10 N 线未连接。

3）接线不规范

图 5-11

图 5-12

图 5-11 ~ 图 5-16 接线不规范。

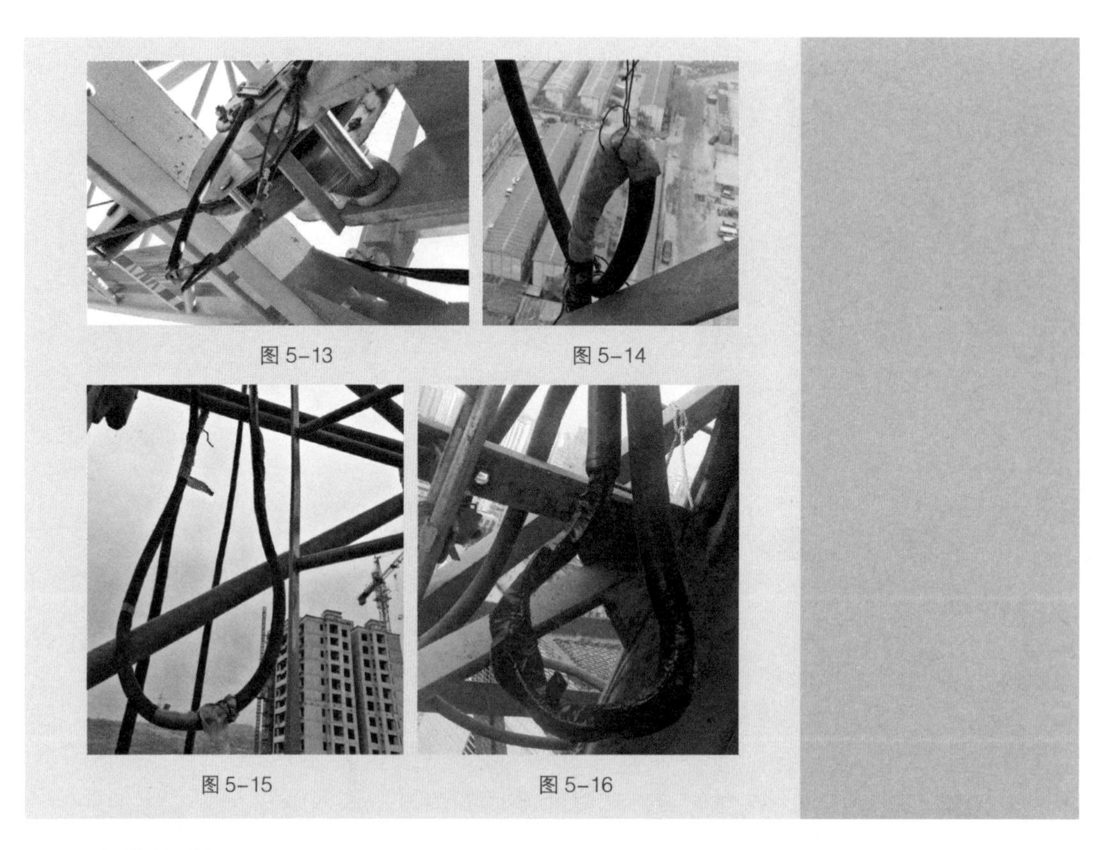

图 5-13　图 5-14

图 5-15　图 5-16

4）线缆破损

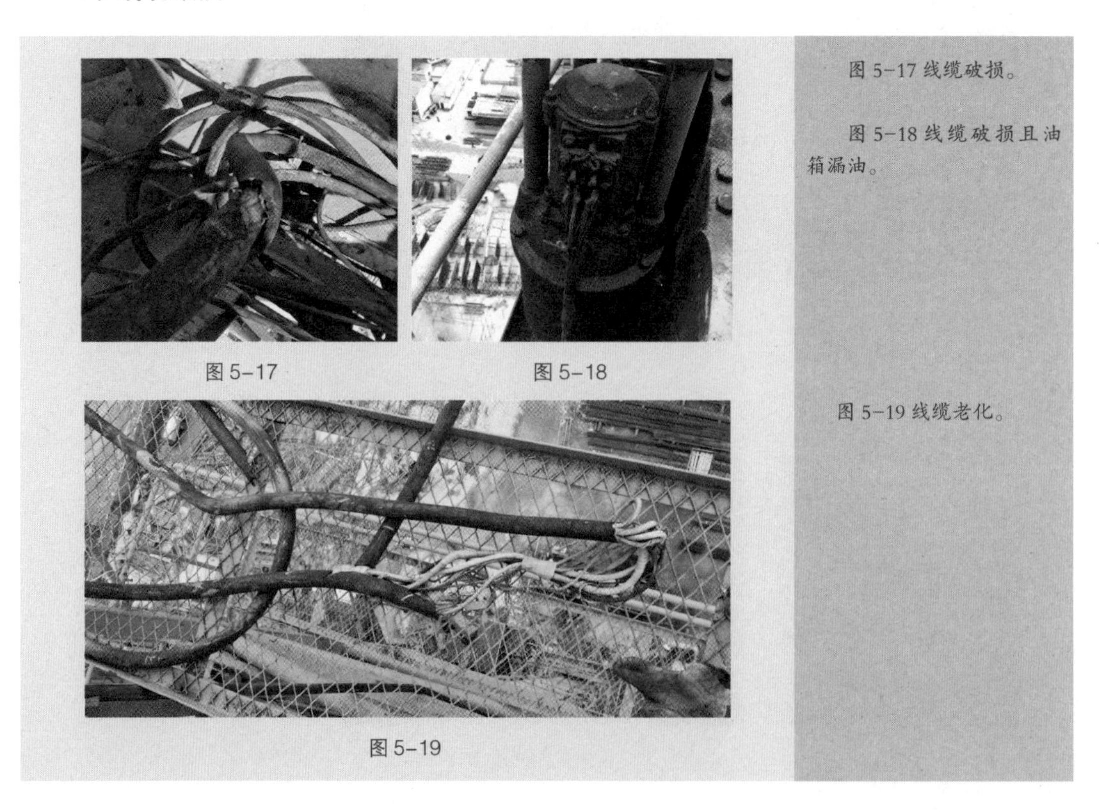

图 5-17　图 5-18

图 5-19

图 5-17 线缆破损。

图 5-18 线缆破损且油箱漏油。

图 5-19 线缆老化。

5）接线混乱

图 5-20

图 5-21

图 5-22

图 5-20～图 5-22 配电箱接线混乱。

6）相序保护器失效

图 5-23

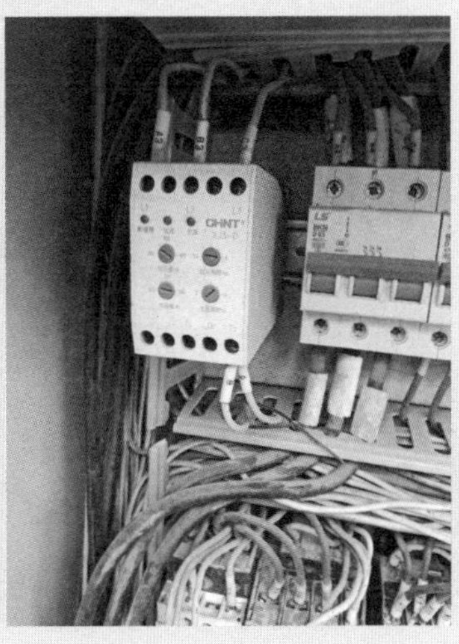

图 5-24

图 5-23 相序保护器未安装。

图 5-24 相序保护器失效。

7）接地不规范

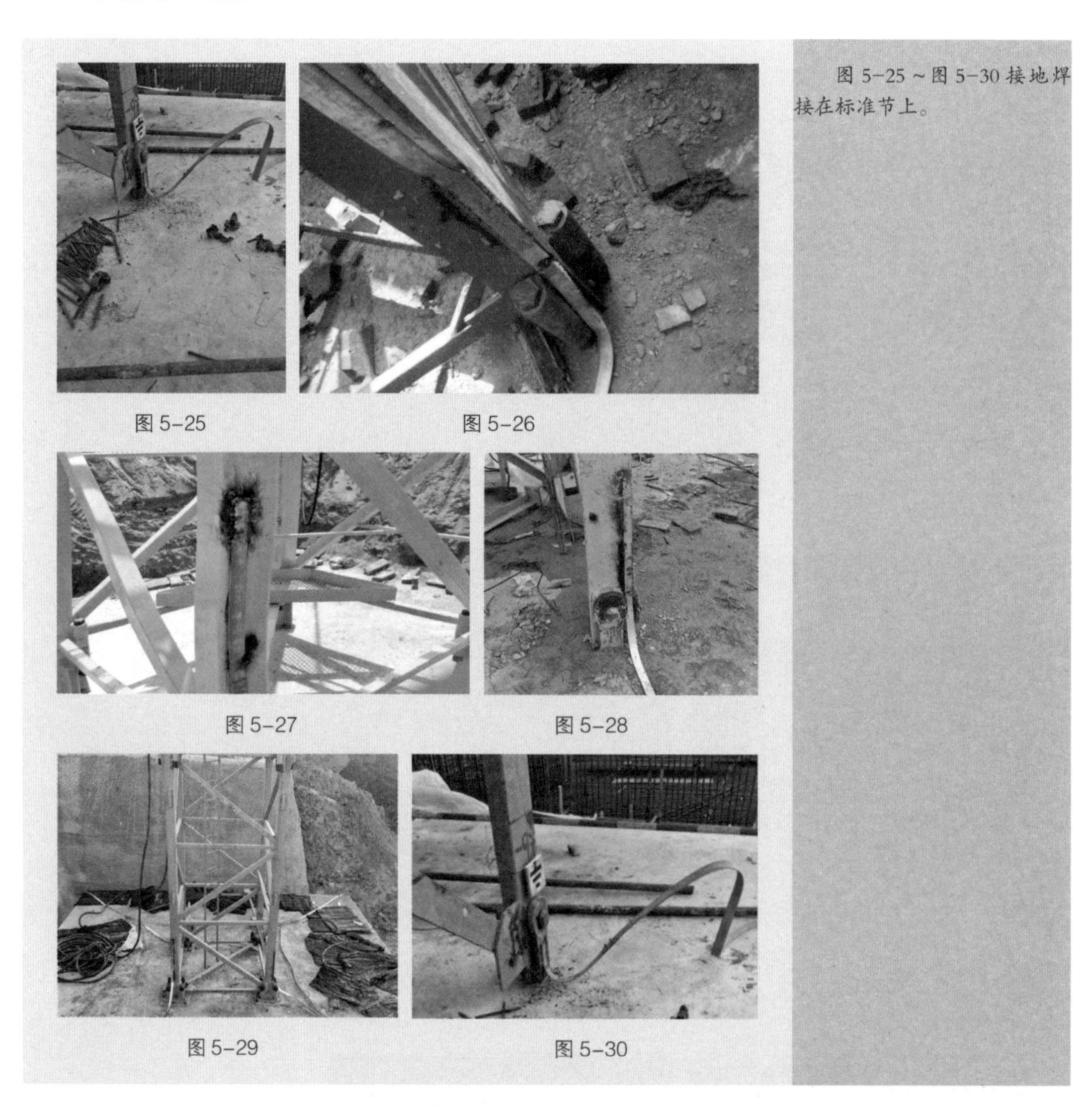

图 5-25

图 5-26

图 5-27

图 5-28

图 5-29

图 5-30

图 5-25 ~ 图 5-30 接地焊接在标准节上。

8）电机防护

图 5-31

图 5-32

图 5-33

图 5-31、图 5-32 主电机防护外壳损坏。

图 5-33 排风扇缺失。

9）灭火器失效

图 5-34　图 5-35　图 5-36

图 5-37

图 5-34～图 5-37 灭火器失效。

10）障碍灯

图 5-38　图 5-39

图 5-40　图 5-41

图 5-38、图 5-39 安装规范的障碍灯。

图 5-40～图 5-41 障碍灯缺失。

11）其他

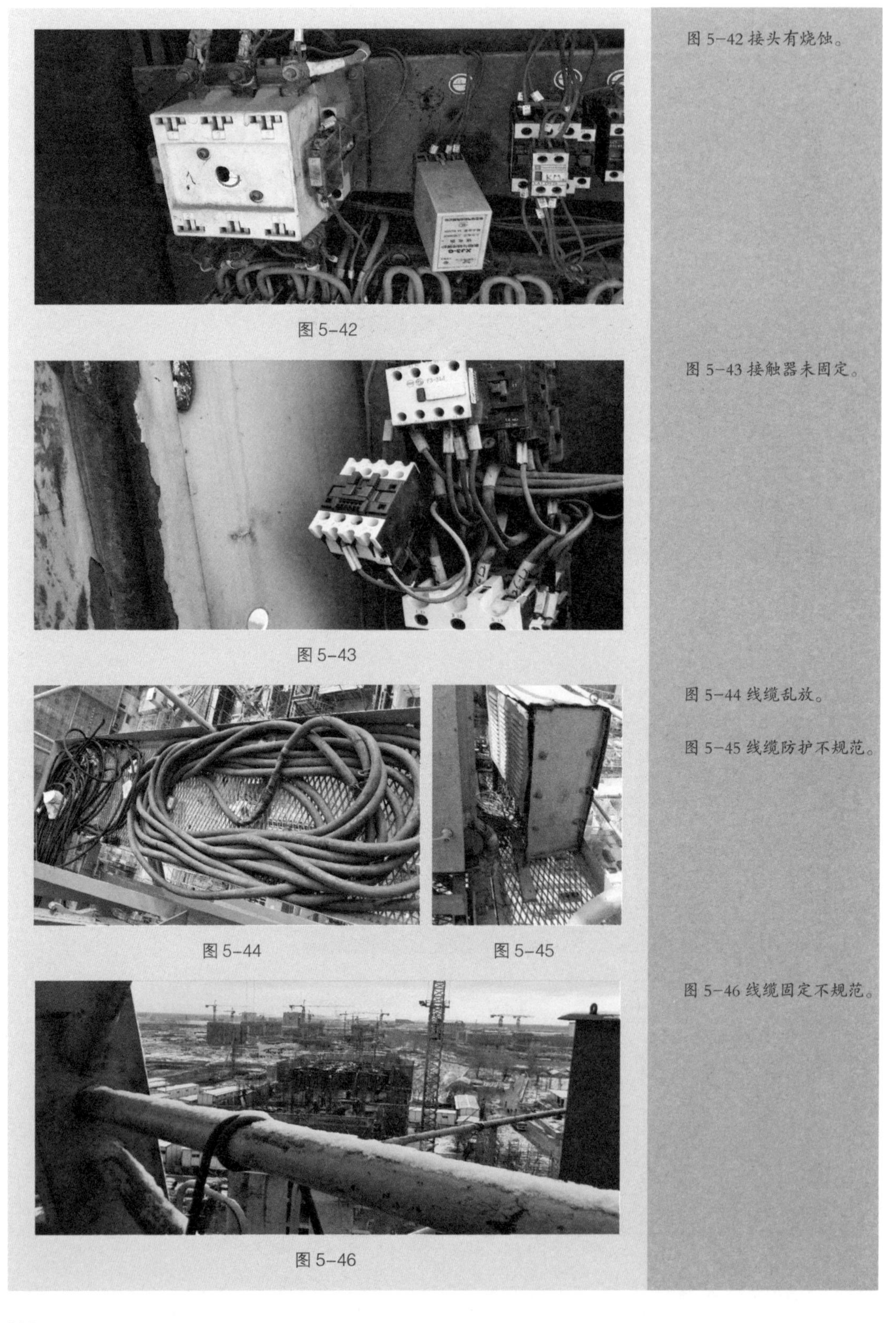

图 5-42

图 5-43

图 5-44

图 5-45

图 5-46

图 5-42 接头有烧蚀。

图 5-43 接触器未固定。

图 5-44 线缆乱放。

图 5-45 线缆防护不规范。

图 5-46 线缆固定不规范。